EINFACHSTE GRUNDBEGRIFFE DER TOPOLOGIE

VON

PAUL ALEXANDROFF

MIT EINEM GELEITWORT
VON
DAVID HILBERT

MIT 25 ABBILDUNGEN

BERLIN
VERLAG VON JULIUS SPRINGER
1932

ISBN-13:978-3-642-89329-2   e-ISBN-13:978-3-642-91185-9
DOI: 10.1007/978-3-642-91185-9

ALLE RECHTE, INSBESONDERE DAS DER ÜBERSETZUNG
IN FREMDE SPRACHEN, VORBEHALTEN.
Softcover reprint of the hardcover 1st edition 1932

Geleitwort.

Wenige Zweige der Geometrie haben sich in neuerer Zeit so rasch und erfolgreich entwickelt wie die Topologie, und selten hat ein ursprünglich unscheinbares Teilgebiet einer Disziplin sich als so grundlegend erwiesen für eine große Reihe gänzlich verschiedenartiger Gebiete wie die Topologie. In der Tat werden heute topologische Methoden und topologische Fragen in fast allen Zweigen der Analysis und ihrer weitverzweigten Anwendungen gebraucht.

Ein so weiter Anwendungsbereich drängt naturgemäß dazu, die Begriffsbildungen bis zu jener Präzisierung zu treiben, die dann auch erst den gemeinsamen Kern der äußerlich verschiedenen Fragen erkennen läßt. Es ist nicht zu verwundern, daß eine solche Analyse grundlegender geometrischer Begriffsbildungen diesen viel von ihrer unmittelbaren Anschaulichkeit rauben muß — um so mehr, als die Anwendung auf andere Gebiete, als auf die Geometrie des uns umgebenden Raumes eine Ausdehnung auf beliebige Dimensionszahlen erforderlich macht.

Während ich in meiner „Anschaulichen Geometrie" versucht habe, mich an das unmittelbare räumliche Bewußtsein zu wenden, so wird hier gezeigt, wie manche der dort gebrauchten Begriffe sich erweitern und verschärfen lassen und so die Grundlage für eine neue in sich geschlossene Theorie eines sehr erweiterten Raumbegriffes abgeben. Daß trotzdem die lebendige Anschauung auch bei allen diesen Theorien immer wieder die richtunggebende Kraft gewesen ist, bildet ein glänzendes Beispiel für die Harmonie zwischen Anschauung und Denken.

So ist das vorliegende Buch als eine erfreuliche Ergänzung meiner „Anschaulichen" nach der Seite der topologischen Systematik sehr zu begrüßen; möge es der geometrischen Wissenschaft neue Freunde gewinnen.

Göttingen, im Juni 1932.

DAVID HILBERT.

Vorwort.

Dieses Büchlein ist bestimmt für diejenigen, die eine exakte Vorstellung wenigstens von einigen unter den wichtigsten Grundbegriffen der Topologie erhalten wollen und dabei nicht in der Lage sind, ein systematisches Studium dieser vielverzweigten und nicht allzu leicht zugänglichen Wissenschaft zu unternehmen. Es war zuerst als Anhang zu HILBERTS Vorlesungen über Anschauliche Geometrie geplant, hat sich aber nachher etwas ausgedehnt und ist schließlich zu der jetzigen Gestalt gekommen.

Ich habe mich bemüht, auch bei den abstraktesten Fragestellungen das Band mit der elementaren Anschauung nicht zu verlieren, habe aber dabei die volle Strenge der Definitionen nie preisgegeben. Bei den vielen Beispielen habe ich dagegen fast immer auf die Beweise verzichtet und mich mit einem bloßen Hinweis auf den Sachverhalt begnügt, zu dessen Illustration das betreffende Beispiel dienen sollte.

Aus dem umfangreichen Stoff der modernen Topologie habe ich bewußt letzten Endes nur *einen* Fragenkomplex herausgegriffen, nämlich denjenigen, der sich um die Begriffe des Komplexes, des Zyklus, der Homologie konzentriert; dabei habe ich es nicht gescheut, diese und anschließende Begriffe in der vollen Perspektive, die dem heutigen Stand der Topologie entspricht, zu behandeln.

Was die Gründe für die hier getroffene Wahl des Stoffes betrifft, so habe ich sie am Schluß dieses Aufsatzes (**46**) auseinandergesetzt.

Selbstverständlich kann man aus diesen wenigen Seiten die Topologie nicht lernen; wenn man aber aus ihnen eine gewisse Orientierung darüber, wie die Topologie — wenigstens in einem ihrer wichtigsten und anwendungsfähigsten Teile — aussieht, auch einigermaßen bekommt und mit dieser Orientierung die Lust zum weiteren eigentlichen Studium, dann wäre mein Ziel schon erreicht! Von diesem Standpunkt sei mir erlaubt, jeden, der die Lust zum Studium der Topologie schon hat, auf das Buch zu verweisen, das von Herrn HOPF und mir in Bälde im gleichen Verlage erscheinen wird.

Ich möchte es nicht unterlassen, S. COHN-VOSSEN und O. NEUGEBAUER, die diesen Aufsatz sowohl im Manuskript als auch in Korrektur gelesen und mich verschiedentlich durch wertvolle Ratschläge unterstützt haben, meinen wärmsten Dank auszusprechen.

Auch den Herren EPHRÄMOWITSCH in Moskau und SINGER in Princeton, die die Zeichnung der Figuren freundlichst übernommen haben, gilt mein aufrichtiger Dank.

Kljasma bei Moskau, den 17. Mai 1932.

P. ALEXANDROFF.

Inhaltsverzeichnis.

	Seite
Einleitung	1
I. Polyeder, Mannigfaltigkeiten, topologische Räume	5
II. Algebraische Komplexe	10
III. Simpliziale Abbildungen und Invarianzsätze	25

Einleitung.

1. Der besondere Reiz und zum großen Teil auch die Bedeutung der Topologie liegt darin, daß ihre wichtigsten Fragestellungen und Sätze einen unmittelbaren anschaulichen Inhalt haben und uns deshalb in direkter Weise über den Raum, der dabei vor allem als Spielplatz stetiger Prozesse auftritt, unterrichten. Ich möchte damit beginnen, daß ich zu den vielen bekannten Beispielen[1], die diese Auffassung bestätigen, einige weitere hinzufüge.

1. Durch eine stetige Deformation eines n-dimensionalen Würfels, bei der der Rand punktweise fest bleibt, kann der Würfel unmöglich auf einen echten Teil von sich abgebildet werden.

Daß dieser scheinbar selbstverständliche Satz in Wirklichkeit tief liegt, sieht man schon daraus, daß aus ihm leicht die Invarianz der Dimensionszahl folgt (d. h. die Unmöglichkeit, zwei Koordinatenräume verschiedener Dimensionszahlen eineindeutig und beiderseits stetig aufeinander abzubilden).

Die Invarianz der Dimensionszahl ist ferner aus dem folgenden Satz abzuleiten, der auch an sich zu den schönsten und anschaulichsten topologischen Ergebnissen gehört:

2. *Der Pflastersatz.* Wenn man den n-dimensionalen Würfel mit endlich vielen hinreichend kleinen[2] (aber sonst ganz beliebigen) abgeschlossenen Mengen überdeckt, so gibt es notwendig Punkte, die zu mindestens $n+1$ unter diesen Mengen gehören. (Anderseits gibt es beliebig feine Überdeckungen, bei denen diese Zahl $n+1$ nicht überschritten wird.)

Für $n = 2$ besagt der Satz, daß, wenn ein Land in hinreichend kleine Provinzen eingeteilt ist, es notwendig Stellen gibt, an denen mindestens drei Provinzen zusammenstoßen. Dabei können diese Provinzen ganz willkürliche Gestalten haben, sie brauchen insbesondere auch gar nicht zusammenhängend zu sein, sondern jede darf aus mehreren Stücken bestehen.

---

[1] Man denke etwa an die einfachsten Fixpunktsätze oder an die bekannten topologischen Eigenschaften geschlossener Flächen, so wie sie etwa in HILBERT u. COHN-VOSSENS „Anschauliche Geometrie", Kap. VI dargestellt sind.

[2] „Hinreichend klein" bedeutet stets: „von einem hinreichend kleinen Durchmesser."

Die neueren topologischen Untersuchungen haben gezeigt, daß in dieser Überdeckungs- oder Pflastereigenschaft das ganze Wesen des Dimensionsbegriffes verborgen ist, so daß der Pflastersatz in bedeutender Weise zur Vertiefung unserer Raumkenntnis beigetragen hat (vgl. **29** u.f.).

3. Als drittes Beispiel eines wichtigen und dennoch selbstverständlich klingenden Satzes möge der JORDANsche Kurvensatz gewählt werden: Eine in der Ebene liegende einfache geschlossene Kurve (d. h. das

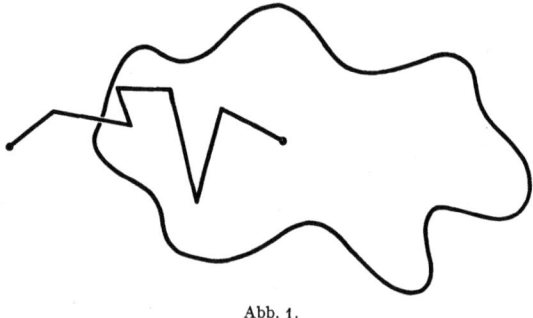

Abb. 1.

topologische Bild einer Kreislinie) zerlegt die Ebene in genau zwei Gebiete und bildet die gemeinsame Begrenzung derselben.

2. Es entsteht nun die natürliche Frage: Was kann man über eine geschlossene Jordankurve im dreidimensionalen Raume aussagen?

Die Zerlegung der Ebene durch die geschlossene Kurve kommt darauf hinaus, daß es Punktepaare gibt, die die Eigenschaft haben, daß jeder Streckenzug, der sie verbindet (oder durch sie „berandet wird"),

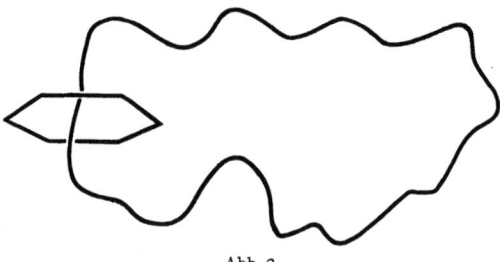

Abb. 2.

notwendig gemeinsame Punkte mit der Kurve hat (Abb. 1). Solche Punktepaare heißen durch die Kurve getrennt oder mit der Kurve „*verschlungen*".

Im dreidimensionalen Raume gibt es gewiß keine Punktepaare mehr, die durch unsere Jordankurve getrennt werden[3], aber es gibt geschlossene Polygone, die mit ihr verschlungen sind in dem natürlichen Sinne

---

[3] Auch diese Tatsache bedarf eines Beweises, der keineswegs trivial ist. Wie kompliziert eine einfache geschlossene Kurve bzw. ein einfacher Jordanbogen im

(Abb. 2), daß jedes Flächenstück, welches durch das Polygon berandet wird, notwendig gemeinsame Punkte mit unserer Kurve hat. Dabei braucht das in das Polygon eingespannte Flächenstück durchaus kein einfach zusammenhängendes zu sein, sondern es kann ganz beliebig gewählt werden (Abb. 3).

Der JORDANsche Satz kann aber auch auf eine andere Weise für den dreidimensionalen Raum verallgemeinert werden: im Raume gibt es nicht nur geschlossene Kurven, sondern auch *geschlossene Flächen*, und *jede solche Fläche* zerlegt den Raum in zwei Gebiete — genau so, wie es eine geschlossene Kurve in der Ebene tat.

Durch Analogie gestützt, wird der Leser wohl selbst erraten können, wie die Verhältnisse im vierdimensionalen Raume aussehen: Zu jeder geschlossenen Kurve gibt es dort eine mit ihr verschlungene geschlossene

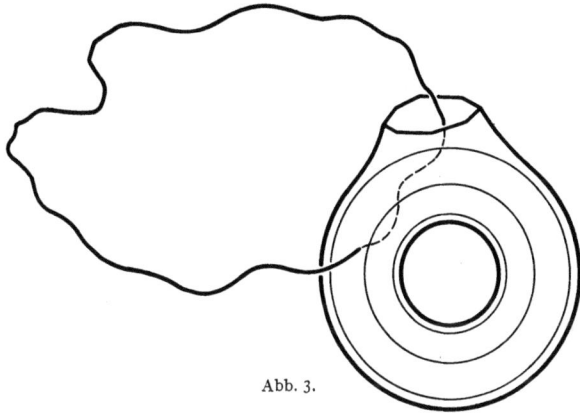

Abb. 3.

Fläche, zu jeder geschlossenen Fläche eine mit ihr verschlungene geschlossene Kurve, zu jeder geschlossenen dreidimensionalen Mannigfaltigkeit ein mit ihr verschlungenes Punktepaar. Das sind Spezialfälle des ALEXANDERschen *Dualitätssatzes*, auf den wir noch zurückkommen werden.

3. Die obigen Beispiele erwecken vielleicht im Leser den Eindruck, daß in der Topologie überhaupt nur Selbstverständlichkeiten bewiesen werden; dieser Eindruck wird im Laufe der weiteren Darstellung wohl ziemlich rasch verblassen. Aber wie dem auch sei: auch diese ,,Selbstverständlichkeiten" sind viel ernster zu nehmen; man kann leicht Bei-

---

R^3 gelegen sein kann, sieht man schon daran, daß solche Kurven mit allen Strahlen eines Strahlenbündels gemeinsame Punkte haben können: es genügt, einen einfachen Jordanbogen in Polarkoordinaten durch die Gleichungen

$$\varphi = f_1(t), \quad \psi = f_2(t), \quad r = 1 + t$$

zu definieren, wobei

$$\varphi = f_1(t), \quad \psi = f_2(t)$$

eine stetige Abbildung der Einheitstrecke $0 \leq t \leq 1$ auf die Einheitssphäre $r = 1$ ist.

spiele von Behauptungen angeben, die ebenso ,,selbstverständlich'' klingen wie z. B. der JORDANsche Satz, die aber nachweislich falsch sind: Wer würde z. B. glauben, daß es in der Ebene drei (vier, fünf, ..., ja sogar unendlich viele!) einfach zusammenhängende beschränkte Gebiete gibt, die alle denselben Rand haben; oder daß man im dreidimensionalen Raume einen *einfachen* Jordanbogen (also ein topologisches Bild einer geradlinigen Strecke) finden kann, so daß es außerhalb von ihm Kreise gibt, die — ohne den Bogen zu treffen — unmöglich auf einen Punkt zusammengezogen werden können? Es gibt auch geschlossene Flächen vom Geschlecht Null, die eine analoge Eigenschaft besitzen. Mit anderen Worten: Man kann ein topologisches Bild einer Kugelfläche und in seinem Innern einen gewöhnlichen Kreis so konstruieren, daß der Kreis im Innern der Fläche nicht auf einen Punkt zusammengezogen werden kann[4].

[4] Die gemeinsamen Begrenzungen von drei und mehr Gebieten wurden von BROUWER entdeckt. Wir schildern hier ihre Konstruktion für den Fall dreier Gebiete; der allgemeine Fall verläuft ganz analog. Man denke sich eine Insel im Meer und auf ihr einen kalten und einen warmen See. Folgendes Arbeitsprogramm soll auf der Insel durchgeführt werden. Im Laufe der ersten Stunde sollen vom Meer, vom kalten und vom warmen See je ein Kanal gezogen werden, so daß salziges und süßes bzw. kaltes und warmes Wasser nie in Berührung kommen und daß am Schluß der Stunde die Entfernung von jedem Punkt der Insel bis zum warmen, kalten und salzigen Wasser weniger als einen Kilometer beträgt. In der nächsten halben Stunde soll jeder der drei Kanäle fortgesetzt werden, so daß die verschiedenen Wasserarten immer getrennt bleiben und am Arbeitsschluß die Entfernung jedes Punktes von jeder Wassersorte kleiner als ein halber Kilometer ist. In analoger Weise wird der Arbeitsplan für die nächste $1/4$-, $1/8$-, $1/16$-, ... Stunde festgesetzt. Am Ende der zweiten Stunde bildet das trockene Land nur noch eine abgeschlossene, in der Ebene nirgends dichte Menge F, und in beliebiger Nähe jedes ihrer Punkte gibt es sowohl Meerwasser als auch kaltes und warmes süßes Wasser. Die Menge F ist die gemeinsame Begrenzung von drei Gebieten: des (durch den entsprechenden Kanal erweiterten) Meeres, des kalten und des warmen Sees. [Diese Darstellung rührt im wesentlichen vom japanischen Mathematiker YONEYAMA, Tohoku Math. Journ. Bd. 12 (1917) S. 60, her.] (Abb. 4.)

Abb. 4.

Die eigenartigen Kurvenbogen und Flächen im R^3, die weiter erwähnt wurden, sind von ANTOINE konstruiert worden [J. Math. pures appl. Bd. (8) 4 (1921) S. 221—325]. Auch ALEXANDER: Proc. Nat. Acad. U.S.A. Bd. 10 (1924) S. 6—12. Wegen der Invarianz der Dimensionszahl, des Pflastersatzes und anschließenden

4. Alle diese Erscheinungen waren am Anfang des laufenden Jahrhunderts gänzlich ungeahnt; erst die Entwicklung der mengentheoretischen Methoden der Topologie führte zu ihrer Entdeckung und somit *zu einer wesentlichen Erweiterung unserer räumlichen Anschauung*. Es möge aber sogleich nachdrücklich betont werden, daß die wichtigsten Probleme der mengentheoretischen Topologie sich keineswegs auf Aufstellung von sozusagen „pathologischen" geometrischen Gebilden beschränken; sie beziehen sich im Gegenteil auf etwas durchaus Positives. Ich würde *das* Grundproblem der mengentheoretischen Topologie wie folgt formulieren:

Diejenigen mengentheoretischen Gebilde festzulegen, die einen Anschluß an das anschaulich gegebene Material der elementaren Polyedertopologie gestatten und somit verdienen, als — wenn auch allgemeinste — geometrische Figuren betrachtet zu werden.

Selbstverständlich impliziert diese Fragestellung auch das Problem einer systematischen Untersuchung der Gebilde der verlangten Art, insbesondere im Lichte derjenigen Eigenschaften derselben, die den genannten Anschluß tatsächlich erkennen lassen und somit die Geometrisierung der allgemeinsten mengentheoretisch-topologischen Begriffsbildungen zustande bringen.

Das so formulierte Programm mengentheoretisch-topologischer Untersuchungen ist — wenigstens in seinen Grundlinien — durchaus als durchführbar zu betrachten: es hat sich schon jetzt gezeigt, daß die wichtigsten Teile der mengentheoretischen Topologie den Methoden, die sich innerhalb der Polyedertopologie ausgebildet haben, durchaus zugänglich sind[5]. Es ist also berechtigt, wenn wir uns in unserer weiteren Darstellung in erster Linie der Topologie der Polyeder zuwenden.

I. Polyeder, Mannigfaltigkeiten, topologische Räume.

5. Wir beginnen mit dem Begriff des *Simplex*. Ein nulldimensionales Simplex ist ein Punkt; ein eindimensionales Simplex ist eine Strecke,

---

Fragen siehe außer den klassischen BROUWERschen Arbeiten [Math. Ann. Bd. 70, 71, 72 — J. reine angew. Math. Bd. 142 (1913) S. 146—152 — Amsterd. Proc. Bd. 26 (1923) S. 795—800] SPERNER, Abh. Sem. Hamburg Bd. 6 (1928) S. 265—272. — ALEXANDROFF, Ann. of Math. Bd. (2) 30 (1928) S. 101—187 sowie „Dimensionstheorie" [Math. Ann. Bd. 106 (1932) S. 161—238].

Es erscheint demnächst ein ausführliches Werk über Topologie von Prof. H. HOPF und dem Verfasser, in dem allen Richtungen der Topologie Rechnung getragen werden soll.

[5] Wir kommen auf diese Fragen noch in **34** und **41** zurück. Wegen des hier vertretenen allgemeinen Standpunktes und seiner Durchführung vgl. die in der vorigen Fußnote genannten Arbeiten des Verfassers. Das grundlegende Werk über die allgemeine Punktmengenlehre und zugleich die beste Einführung in die mengentheoretische Topologie ist die „Mengenlehre" von HAUSDORFF. Vgl. auch MENGER, Dimensionstheorie.

ein zwei- bzw. dreidimensionales Simplex ist ein Dreieck bzw. ein Tetraeder. Es ist bekannt und leicht beweisbar, daß man alle Punkte des Tetraeders bekommt, wenn man alle möglichen (nichtnegativen) Massen in seinen vier Eckpunkten konzentriert und jedesmal den Schwerpunkt der jeweiligen Massenverteilung betrachtet. Diese Definition gilt natürlich auch für eine beliebige Dimensionszahl. Man setzt dabei voraus, daß die $r + 1$ Eckpunkte des r-dimensionalen Simplex in keiner $r - 1$-dimensionalen Hyperebene (des R^n, in dem wir uns befinden) enthalten sind. Man könnte übrigens ein Simplex auch als die kleinste konvexe abgeschlossene Menge definieren, die die gegebenen Eckpunkte enthält.

Je $s + 1$ unter den $r + 1$ Eckpunkten des r-dimensionalen Simplex ($0 \leq s \leq r$) definieren ein s-dimensionales Simplex — eine *s-dimensionale Seite* des gegebenen Simplex (die nulldimensionalen Seiten sind die Eckpunkte). Sodann versteht man unter einem *r-dimensionalen Polyeder* eine Punktmenge des R^n, die sich so in r-dimensionale Simplexe zerlegen läßt, daß zwei Simplexe dieser Zerlegung entweder keinen gemeinsamen Punkt oder eine gemeinsame Seite (von irgendeiner Dimensionszahl) als ihre Durchschnittsmenge haben. Das System aller Simplexe (und deren Seiten), die zu einer Simplizialzerlegung eines Polyeders gehören, heißt ein *geometrischer Komplex*.

Die Dimension des Polyeders ist nicht nur von der Wahl der Simplizialzerlegung unabhängig, sondern sie drückt darüber hinaus eine *topologische Invariante des Polyeders* aus; damit ist gemeint, daß zwei Polyeder, die *homöomorph* sind, d. h. eineindeutig und beiderseits stetig aufeinander abgebildet werden können, die gleiche Dimension haben[6].

Angesichts des allgemeinen Standpunktes der Topologie, nach dem zwei Figuren — d. h. zwei Punktmengen — als äquivalent zu betrachten sind, wenn sie aufeinander topologisch abgebildet werden können, verstehen wir unter einem allgemein-topologischen oder *krummen* Polyeder jede Punktmenge, die einem (im obigen Sinne definierten, d. h. aus gewöhnlichen, „geraden" Simplexen zusammengesetzten) Polyeder homöomorph ist. Krumme Polyeder lassen offenbar Zerlegungen in „krumme" Simplexe (d. h. topologische Bilder gewöhnlicher Simplexe) zu; das System der Elemente einer solchen Zerlegung heißt wiederum ein geometrischer Komplex.

6. Die wichtigsten unter allen Polyedern, ja sogar die wichtigsten Gebilde der ganzen Topologie überhaupt, sind die sog. *geschlossenen n-dimensionalen Mannigfaltigkeiten* M^n. Sie sind durch folgende beide Eigenschaften charakterisiert. Erstens muß das Polyeder zusammen-

---

[6] Eineindeutige und beiderseits stetige Abbildungen heißen *topologische Abbildungen* oder *Homöomorphien*. Eigenschaften von Punkten, die bei solchen Abbildungen erhalten bleiben, heißen *topologische Invarianten*. Der soeben ausgesprochene Satz ist eine andere Form des BROUWERschen Satzes von der Invarianz der Dimensionszahl. (Er wird in **29—32** bewiesen.)

hängend sein (d. h. es darf nicht in mehrere zueinander fremde Teilpolyeder zerfallen); zweitens muß es in dem Sinne „*homogen-n-dimensional*" sein, daß jeder Punkt p von M^n eine Umgebung[7] besitzt, welche auf die n-dimensionale Vollkugel eineindeutig und beiderseits stetig derart abgebildet werden kann, daß der Punkt p bei dieser Abbildung dem Mittelpunkt der Vollkugel entspricht[7a].

7. Um die Wichtigkeit des Mannigfaltigkeitsbegriffes zu erkennen, genügt schon die Bemerkung, daß die meisten geometrischen Gebilde, deren Punkte durch n Parameter definiert werden können, n-dimensionale Mannigfaltigkeiten sind; zu diesen Gebilden gehören z. B. die Phasenräume dynamischer Probleme. Diese Gebilde werden allerdings nur selten direkt als Polyeder definiert, vielmehr treten sie — wie es gerade das Beispiel der Phasenräume oder auch die Gebilde der n-dimensionalen Differentialgeometrie lehren — als *abstrakte Raumkonstruktionen* auf, in denen auf die eine oder andere Weise ein Stetigkeitsbegriff erklärt ist; es ergibt sich dabei (und kann unter sinngemäßen Voraussetzungen streng bewiesen werden), daß im Sinne der genannten Stetigkeitsdefinition die betreffende „abstrakte" Mannigfaltigkeit topologisch auf ein Polyeder abgebildet werden kann und somit unter unsere Mannigfaltigkeitsdefinition fällt. Auf diese Weise kann z. B. die projektive Ebene, die zunächst als eine abstrakte zweidimensionale Mannigfaltigkeit definiert ist, topologisch auf eine Polyederfläche ohne Singularitäten und Selbstdurchdringungen des vierdimensionalen Raumes abgebildet werden[8].

---

[7] Der allgemeine Umgebungsbegriff wird weiter in der Nr. 8 erläutert. Ein Leser, der diesen Begriff vermeiden möchte, kann unter einer Umgebung eines Punktes eines Polyeders die Vereinigungsmenge aller Simplexe irgendeiner Simplizialzerlegung des Polyeders verstehen, welche den gegebenen Punkt im Innern oder auf dem Rande enthalten.

[7a] Siehe über Mannigfaltigkeiten vor allem: VEBLEN, Analysis Situs, 2. Aufl. 1931. — LEFSCHETZ, Topology. 1931 (beides im Verlage der American Mathematical Society). — Ferner HOPF, Math. Ann. Bd. 100 (1928) S. 579—608; Bd. 102 (1929) S. 562—623. — LEFSCHETZ, Trans. Amer. Math. Soc. Bd. 28 (1926) S. 1—49. — HOPF, Journ. f. Math. Bd. 163 (1930) S. 71—88; vgl. auch die unter Anm. 49 angegebene Literatur.

[8] Am einfachsten geschieht eine topologische Einbettung der projektiven Ebene in den R^4 wohl folgendermaßen: Zunächst überzeugt man sich mühelos davon, daß durch einen Kegelschnitt die projektive Ebene in ein (der Kreisscheibe homöomorphes) Elementarflächenstück und einen MÖBIUSschen Bande homöomorphen Bereich zerlegt wird: in der Tat ist das Innengebiet eines Kegelschnittes ein Elementarflächenstück, während sein Äußeres topologisch mit dem MÖBIUSschen Bande äquivalent ist (man sieht dies am leichtesten ein, wenn man — unter Auszeichnung der unendlich-fernen Geraden — sich den Kegelschnitt als eine Hyperbel denkt).

Sodann betrachte man den vierdimensionalen Raum R^4 und in ihm einen R^3. Im letzteren konstruiere man ein MÖBIUSsches Band. Wenn man jetzt außerhalb des R^3 im R^4 einen Punkt 0 wählt und denselben mit allen Punkten der Randkurve

8. Von unseren letzten Bemerkungen führt nur ein Schritt zu einem der wichtigsten und gleichzeitig allgemeinsten Begriffe der ganzen modernen Topologie — zum Begriff des *topologischen Raumes*. Ein topologischer Raum ist eben nichts anderes, als eine Menge von irgendwelchen Elementen („Punkte" des Raumes genannt), in denen ein Stetigkeitsbegriff erklärt ist. Nun beruht aber die Stetigkeit auf Vorhandensein von Beziehungen, die als Nachbarschafts- oder als Umgebungsbeziehungen erklärt werden — es sind gerade diese Beziehungen, die bei einer stetigen Abbildung einer Figur auf eine andere erhalten bleiben. In präziser Fassung ist also ein topologischer Raum eine Menge, in der gewisse Untermengen definiert und den Punkten des Raumes als deren Umgebungen zugeordnet sind. Je nach den Axiomen, die diese Umgebungen erfüllen sollen, unterscheidet man verschiedene Typen topologischer Räume. Die wichtigsten unter ihnen sind die sog. HAUSDORFFschen Räume (in denen die Umgebungen den bekannten vier HAUSDORFFschen Axiomen genügen).

Es sind dies die folgenden Axiome:

a) Jedem Punkt x entspricht mindestens eine Umgebung $U(x)$; jede Umgebung $U(x)$ enthält den Punkt x.

b) Sind $U(x)$, $V(x)$ zwei Umgebungen desselben Punktes x, so gibt es eine Umgebung $W(x)$, die Teilmenge von beiden ist.

c) Liegt der Punkt y in $U(x)$, so gibt es eine Umgebung $U(y)$, die eine Teilmenge von $U(x)$ ist.

d) Für zwei verschiedene Punkte x, y gibt es zwei Umgebungen $U(x), U(y)$ ohne gemeinsamen Punkt.

Die Umgebungen gestatten ohne weiteres den Stetigkeitsbegriff einzuführen: Eine Abbildung f eines topologischen Raumes R auf eine (echte oder unechte) Teilmenge eines topologischen Raumes Y heißt stetig im Punkte x, wenn man zu jeder Umgebung $U(y)$ des Punktes $y = f(x)$ eine Umgebung $U(x)$ von x derart finden kann, daß alle Punkte von $U(x)$ mittels f in Punkte von $U(y)$ abgebildet werden. Falls f in allen Punkten von R stetig ist, so heißt sie stetig in R.

9. Der Begriff des topologischen Raumes ist nur ein Glied in der Kette der abstrakten Raumkonstruktionen, die einen unentbehrlichen Bestandteil des ganzen modernen geometrischen Denkens bilden. Allen diesen Konstruktionen liegt eine gemeinsame Auffassung eines *Raumes* zugrunde, die auf die Betrachtung eines oder mehrerer Systeme von Gegenständen — Punkten, Geraden usw. — und ihrer axiomatisch beschriebenen Beziehungen hinauskommt. Dabei kommt es eben nur auf diese Beziehungen, nicht auf die Natur der betreffenden Gegenstände

---

des MÖBIUSschen Bandes durch geradlinige Strecken verbindet, entsteht ein Elementarflächenstück, welches an das MÖBIUSsche Band längs dessen Randkurve anschließt und mit ihm zusammen eine Fläche bildet, welche der projektiven Ebene homöomorph ist.

an. In den HILBERTschen „Grundlagen der Geometrie" fand dieser allgemeine Standpunkt seine vielleicht prägnanteste Fassung; ich möchte aber besonders betonen, daß er durchaus nicht für die Grundlagenforschungen allein, sondern für alle Richtungen der heutigen Geometrie von einer ausschlaggebenden Bedeutung ist — der moderne Aufbau der projektiven Geometrie ebenso wie der Begriff einer mehrdimensionalen RIEMANNschen Mannigfaltigkeit (und eigentlich noch viel früher die GAUSSsche innere Differentialgeometrie der Flächen) mögen als Beispiele genügen!

10. Mit Hilfe des topologischen Raumbegriffes findet schließlich auch die allgemeine Mannigfaltigkeitsdefinition einen adäquaten Ausdruck:
Ein topologischer Raum heißt eine geschlossene n-dimensionale Mannigfaltigkeit, wenn er einem zusammenhängenden Polyeder homöomorph ist und wenn überdies seine Punkte Umgebungen besitzen, welche dem n-dimensionalen Kugelinnern homöomorph sind.

11. Wir wollen jetzt einige Beispiele geschlossener Mannigfaltigkeiten geben.

Die einzige geschlossene eindimensionale Mannigfaltigkeit ist die Kreislinie.

Die „Einzigkeit" wird hier natürlich im topologischen Sinne verstanden: jede eindimensionale geschlossene Mannigfaltigkeit ist der Kreislinie homöomorph.

Die geschlossenen zweidimensionalen Mannigfaltigkeiten sind die orientierbaren (oder zweiseitigen) und nicht orientierbaren (oder einseitigen) Flächen. Das Problem der Aufzählung ihrer topologischen Typen ist vollständig gelöst[9].

Als Beispiele mehrdimensionaler Mannigfaltigkeiten seien — neben dem n-dimensionalen sphärischen bzw. projektiven Raum — noch folgende erwähnt:

1. Die dreidimensionale Mannigfaltigkeit der auf einer geschlossenen Fläche F liegenden Linienelemente (wenn die Fläche F die Kugel ist, ist — wie sich beweisen läßt — die entsprechende M^3 der projektive Raum).

2. Die vierdimensionale Mannigfaltigkeit der Geraden des dreidimensionalen projektiven Raumes.

3. Die dreidimensionale „*Torusmannigfaltigkeit*"; sie entsteht, wenn man die gegenüberliegenden Seitenflächen eines Würfels paarweise untereinander identifiziert. Der Leser bestätigt ohne Mühe, daß dieselbe Mannigfaltigkeit auch dadurch erzeugt werden kann, daß man den Zwischenraum zwischen zwei koaxialen Torusflächen betrachtet (von denen die eine innerhalb der anderen verläuft) und die einander entsprechenden Punkte derselben identifiziert.

---

[9] Vgl. z. B. HILBERT u. COHN-VOSSEN § 48 sowie KEREKJARTO, Topologie, Kap. V.

Letzteres Beispiel ist zugleich ein Beispiel für die sog. topologische Produktbildung—ein Verfahren, mit dessen Hilfe man unendlich viele verschiedene Mannigfaltigkeiten erzeugen kann und welches überdies von größter theoretischer Wichtigkeit ist. Das Produktverfahren ist eine direkte Verallgemeinerung des gewöhnlichen Koordinatenbegriffs. Es besteht darin, daß man zu zwei Mannigfaltigkeiten M^p und M^q folgendermaßen die Mannigfaltigkeit $M^{p+q} = M^p \cdot M^q$ konstruiert: Als Punkte von M^{p+q} werden Punktepaare $z = (x, y)$ betrachtet, wobei x ein beliebiger Punkt von M^p und y von M^q ist. Eine Umgebung $U(z_0)$ des Punktes $z_0 = (x_0, y_0)$ besteht definitionsgemäß aus allen Punkten $z = (x, y)$, wobei x zu einer beliebig gewählten Umgebung von x_0 und y zu einer Umgebung von y_0 gehört. Es ist natürlich, die beiden Punkte x und y (von M^p bzw. von M^q) als die beiden „Koordinaten" des Punktes (x, y) von M^{p+q} zu betrachten.

Offenbar läßt sich diese Definition mühelos auf den Fall des Produktes von drei oder mehr Mannigfaltigkeiten verallgemeinern. Wir können jetzt sagen, daß die euklidische Ebene das Produkt von zwei Geraden, die Torusfläche das Produkt von zwei Kreislinien, die dreidimensionale Torusmannigfaltigkeit das Produkt einer Torusfläche mit einer Kreislinie (oder das Produkt dreier Kreislinien) ist. Als weitere Beispiele von Mannigfaltigkeiten erhält man z. B. das Produkt $S^2 \cdot S^1$ der Kugelfläche mit der Kreislinie oder das Produkt zweier projektiven Ebenen usw. Was insbesondere die Mannigfaltigkeit $S^2 \cdot S^1$ betrifft, so erhält man sie auch, wenn man eine zwischen zwei konzentrischen Kugelflächen S^2 und s^2 gelegene Kugelschale betrachtet und die entsprechenden (d. h. auf demselben Radius gelegenen) Punkte von S^2 und s^2 identifiziert. Nur wenig schwieriger ist der Beweis der Tatsache, daß, wenn man zwei kongruente Vollringe nimmt und die (laut der genannten Kongruenz) einander entsprechenden Punkte ihrer Oberflächen identifiziert, man ebenfalls die Mannigfaltigkeit $S^2 \cdot S^1$ erhält. Schließlich erhält man das Produkt der projektiven Ebene mit der Kreislinie, wenn man in einem Vollring jedes Paar von diametralen Punkten je eines Meridiankreises untereinander identifiziert.

Diese wenigen Beispiele mögen genügen. Es sei zum Unterschied vom zweidimensionalen Fall nur noch bemerkt, daß das Problem der Aufzählung der topologischen Typen von Mannigfaltigkeiten von drei und mehr Dimensionen sich heutzutage in einem ziemlich hoffnungslosen Zustande befindet. Wir sind einstweilen nicht nur von der Lösung, sondern sogar von jedem Ansatz zu einer Lösung, von jeder plausibel klingenden Vermutung weit entfernt.

II. Algebraische Komplexe.

12. Die Auffassung der Mannigfaltigkeit als eines Polyeders hat etwas Künstliches: die allgemeine Idee der Mannigfaltigkeit, als eines homogenen n-fach ausgedehnten Gebildes, eine Idee, die noch auf RIEMANN zurückgeht, hat eigentlich mit den Simplizialzerlegungen, die uns zur Einführung der Polyeder diente, nichts zu tun. POINCARÉ, der als erster ein systematisches topologisches Studium der Mannigfaltigkeiten unternommen und dadurch die Topologie aus einer Sammlung mathematischer Kuriosa zu einem selbständigen und bedeutungsvollen Zweig der Geometrie gemacht hat, definierte die Mannigfaltigkeiten ursprünglich analytisch mit Hilfe eines Systems von Gleichungen. Aber schon innerhalb von vier Jahren nach dem Erscheinen seiner ersten bahnbrechenden Arbeit[10] stellt er sich auf den Standpunkt, der heutzutage als der *kombinatorische* bezeichnet wird und im wesentlichen auf die Auffassung der Mannigfaltigkeiten als Polyeder hinauskommt[11]. Die Vorteile dieses Standpunktes bestehen darin, daß mit seiner Hilfe die schwierigen — teils rein geometrischen, teils mengentheoretischen — Betrachtungen, zu denen das Studium der Mannigfaltigkeiten führt, durch die Untersuchung eines finiten kombinatorischen Schemas — nämlich des Systems der Simplexe einer Simplexzerlegung des Polyeders, mit anderen Worten: des geometrischen Komplexes — ersetzt werden, welche den Weg zur Anwendung algebraischer Methoden eröffnet.

Auf diese Weise ergibt sich, daß die Mannigfaltigkeitsdefinition, der wir uns hier bedienen, die *heutzutage bequemste* ist, obzwar sie nichts anderes als einen bewußten Kompromiß zwischen dem mengentheoretischen Begriff des topologischen Raumes und den Methoden der kombinatorischen Topologie darstellt — einen *Kompromiß*, bei dem von einer *organischen Verschmelzung* der beiden Richtungen einstweilen noch kaum gesprochen werden kann. Die schwierigen prinzipiellen Fragestellungen, die mit dem Mannigfaltigkeitsbegriff verbunden sind[12], werden durch unsere Definition keineswegs erledigt.

13. Wir wollen uns jetzt den bereits erwähnten algebraischen Methoden in der Topologie der Mannigfaltigkeiten (und der allgemeineren Polyeder) zuwenden. Die Grundbegriffe, auf denen alles beruht, sind dabei die Begriffe des *orientierten* Simplexes, des *algebraischen Komplexes* und des *Randes* eines algebraischen Komplexes.

---

[10] Analysis Situs [J. Ec. Polyt. Bd. (2) 1 (1895) S. 1—123].

[11] In der Arbeit: Complement à l'Analysis Situs [Palermo Rend., Bd. 13 (1899) S. 285—343]. Diese Arbeit ist als die erste systematische Darstellung der kombinatorischen Topologie zu betrachten.

[12] Diese Fragestellungen kommen auf das Problem der *mengentheoretischen* und auf das der *kombinatorischen* Charakterisierung der Mannigfaltigkeiten hinaus. Das erste Problem besteht in der Aufstellung von mengentheoretischen Bedingungen, die notwendig und hinreichend sind, damit ein topologischer Raum einem Polyeder homöomorph ist bzw. damit seine Punkte Umgebungen besitzen, die dem R^n homöomorph sind. Das zweite verlangt nach einer Charakterisierung derjenigen Komplexe, die als Simplexzerlegungen von Polyedern auftreten, die die Mannigfaltigkeitseigenschaft besitzen (zu deren Punkten es m. a. W. Umgebungen gibt, welche dem R^n homöomorph sind). Beide Probleme bleiben ungelöst und gehören zweifellos zu den schwierigsten Fragestellungen, die es in der Topologie gibt.

Algebraische Komplexe.

Ein orientiertes eindimensionales Simplex ist eine *gerichtete Strecke* $(a_0 a_1)$, also eine Strecke, die vom Endpunkt a_0 zum Endpunkt a_1 durchlaufen wird. Man kann auch sagen: Ein orientiertes eindimensionales Simplex ist ein solches mit einer bestimmten Reihenfolge seiner beiden Eckpunkte. Wenn man die orientierte Strecke $(a_0 a_1)$ mit x^1 bezeichnet (der obere Index 1 gibt die Dimensionszahl an), so wird das entgegengesetzt orientierte Simplex $(a_1 a_0)$ mit $-x^1$ bezeichnet. Dieselbe Strecke ohne Orientierung betrachtet, bezeichnen wir mit $|x^1| = |a_0 a_1| = |a_1 a_0|$.

Ein orientiertes zweidimensionales Simplex — ein orientiertes Dreieck — ist ein Dreieck mit einem bestimmten Umlaufsinn oder mit einer bestimmten Reihenfolge seiner Eckpunkte; dabei wird zwischen Reihenfolgen, die auseinander durch gerade Permutation entstehen, nicht unterschieden, so daß die Reihenfolgen $(a_0 a_1 a_2)$, $(a_1 a_2 a_0)$, $(a_2 a_0 a_1)$ die eine, die Reihenfolgen $(a_0 a_2 a_1)$, $(a_1 a_0 a_2)$, $(a_2 a_1 a_0)$ die andere Orientierung des Dreiecks mit den Eckpunkten a_0, a_1, a_2 darstellen. Wenn die eine Orientierung des Dreiecks mit $x^2 = (a_0 a_1 a_2)$ bezeichnet wird, so heißt die andere $-x^2$. Das ohne Orientierung betrachtete Dreieck wird wiederum mit $|x^2|$ bezeichnet. Das Wesentliche dabei ist, daß bei einem orientierten Dreieck auch der Rand als ein orientiertes (gerichtetes) Polygon aufzufassen ist: der Rand des orientierten Dreiecks $(a_0 a_1 a_2)$ ist die Gesamtheit der orientierten Strecken $(a_0 a_1)$, $(a_1 a_2)$, $(a_2 a_0)$. Wenn man den Rand von x^2 mit $\dot x^2$ bezeichnet, drückt man unsere letzte Behauptung durch die Formel

(1') $$\dot x^2 = (a_0 a_1) + (a_1 a_2) + (a_2 a_0),$$

oder, was dasselbe ist

(1) $$\dot x^2 = (a_1 a_2) - (a_0 a_2) + (a_0 a_1)$$

aus [13].

Wir sagen auch, daß im Rande von x^2 die Seiten $(a_1 a_2)$ und $(a_0 a_1)$ mit dem Koeffizienten $+1$, die Seite $(a_0 a_2)$ mit dem Koeffizienten -1 auftreten.

14. Man betrachte jetzt irgendeine Dreieckzerlegung (oder *Triangulation*) des zweidimensionalen Polyeders P^2. Das System der Dreiecke, der Kanten und der Eckpunkte derselben bildet das, was wir in **5** einen zweidimensionalen geometrischen Komplex K^2 genannt haben. Wir bezeichnen nun mit x_i^2, $1 \leq i \leq \alpha_2$ [14], *irgendeine* (ganz beliebig gewählte) Orientierung eines beliebigen Dreiecks $|x_i^2|$ unseres Komplexes, mit x_j^1, $1 \leq j \leq \alpha_1$ [14], eine ebenfalls ganz beliebig gewählte Orientierung

---

[13] Wenn man $x^2 = (a_0 a_1 a_2)$ als eine Art symbolisches Produkt der drei „Variablen" a_0, a_1, a_2 auffaßt, kann man schreiben

$$\dot x^2 = \sum_{i=0}^{2}(-1)^i \frac{\partial x^2}{\partial a_i}.$$

[14] Mit α_2, α_1, α_0 bezeichnen wir resp. die Anzahl der zwei-, der ein-, der nulldimensionalen Elemente eines geometrischen Komplexes.

der Kante $|x_j^1|$. Das System aller x_i^2 nennen wir einen *orientierten zweidimensionalen Komplex* C^2, und zwar eine Orientierung des geometrischen Komplexes K^2. Für den orientierten Komplex C^2 benutzen wir die Schreibweise

$$C^2 = \sum_{i=1}^{\alpha_2} x_i^2;$$

um anzugeben, daß C^2 durch Orientierung des Komplexes K^2 entstanden ist, schreiben wir auch gelegentlich $|C^2| = K^2$.

Jetzt kann man den Rand jedes orientierten Dreiecks x_i^2 in der Gestalt einer Linearform

(2) $$\dot{x}_i^2 = \sum_{j=1}^{\alpha_1} t_i^j x_j^1$$

darstellen, wobei t^j gleich $+1$, -1 oder 0 ist, je nachdem die orientierte Strecke x_j^1 im Rande des orientierten Dreiecks x_i^2 mit dem Koeffizienten $+1$, -1 oder überhaupt nicht auftritt.

Wenn man die Gleichungen (2) für alle i, $1 \le i \le \alpha_2$, addiert, erhält man

$$\sum_{i=1}^{\alpha_2} \dot{x}^2 = \sum_{i=1}^{\alpha_2} \sum_{j=1}^{\alpha_1} t_i^j x_j^1 = \sum_{j=1}^{\alpha_1} u^j x_j^1, \quad u^j = \sum_{i=1}^{\alpha_2} t_i^j.$$

Der obige Ausdruck $\sum_{j=1}^{\alpha_1} u^j x_j^1$ heißt der *Rand des orientierten Komplexes* C^2 und wird mit $\dot{C}^2$ bezeichnet.

Beispiele. 1°. K sei das System der vier Seitendreiecke eines Tetraeders; jedes sei so orientiert, wie auf Abb. 5 die Pfeilrichtungen angeben.

Der Rand des so orientierten Komplexes $C^2 = x_1^2 + x_2^2 + x_3^2 + x_4^2$ ist gleich Null, denn jede Tetraederkante tritt in beiden an sie anschließenden Dreiecken mit verschiedenen Vorzeichen auf. In Formeln:

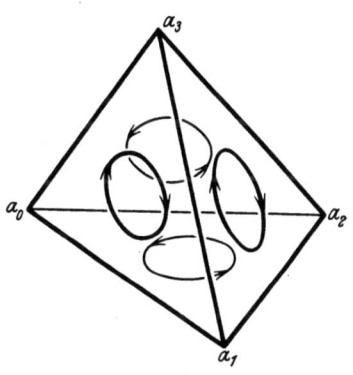

Abb. 5.

$$x_1^2 = (a_0 a_1 a_2), \quad x_2^2 = (a_1 a_0 a_3), \quad x_3^2 = (a_1 a_3 a_2), \quad x_4^2 = (a_0 a_2 a_3)$$

und etwa

$$x_1^1 = (a_0 a_1), \quad x_2^1 = (a_0 a_2), \quad x_3^1 = (a_0 a_3), \quad x_4^1 = (a_1 a_2), \quad x_5^1 = (a_1 a_3), \quad x_6^1 = (a_2 a_3);$$

sodann:

$$\begin{aligned}
\dot{x}_1^2 &= x_1^1 - x_2^1 + x_4^1 \\
\dot{x}_2^2 &= -x_1^1 + x_3^1 - x_5^1 \\
\dot{x}_3^2 &= - x_4^1 + x_5^1 - x_6^1 \\
\dot{x}_4^2 &= x_2^1 - x_3^1 + x_6^1 \\
\hline
\dot{C}^2 &= \sum_{i=1}^{4} \dot{x}_i^2 = 0.
\end{aligned}$$

Algebraische Komplexe.

2°. Man orientiere die zehn Dreiecke der auf der Abb. 6 angegebenen Triangulation der projektiven Ebene so, wie es die Pfeilrichtungen zeigen, und setze $C^2 = \sum_{i=1}^{10} x_i^2$; dann ist

(3) $$\dot C^2 = 2x_1^1 + 2x_2^1 + 2x_3^1.$$

Der Rand des orientierten Komplexes C^2 besteht also aus der (in drei Strecken x_1^1, x_2^1, x_3^1 zerlegten) *doppelt zu zählenden* projektiven

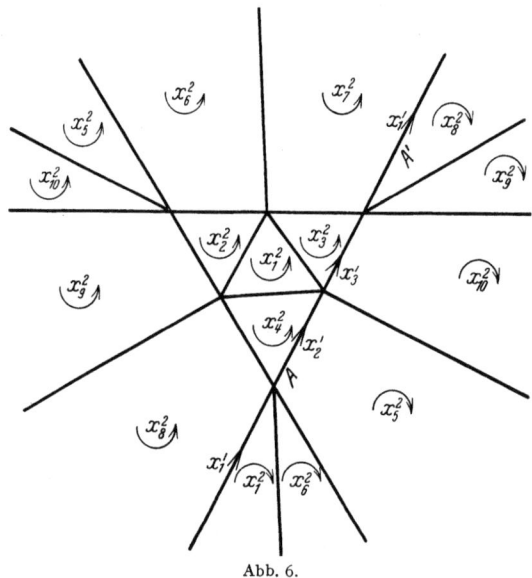

Abb. 6.

Geraden AA'. Bei anderer Wahl der Orientierungen $x_1^2, x_2^2, \ldots, x_{10}^2$ der zehn Dreiecke der gewählten Triangulation würde man andere orientierte Komplexe $\sum_{i=1}^{10} x_i^2$ bekommen, und deren Ränder wären von (3) verschieden. Es hat also keinen Sinn von dem „Rande der projektiven Ebene" zu sprechen, sondern nur von den Rändern der auf verschiedene Weisen orientierten Komplexe, die zu verschiedenen Triangulationen der projektiven Ebene gehören.

Man könnte leicht beweisen, daß, wie man die zehn Dreiecke der Abb. 6 auch orientiert, der Rand des dadurch bestimmten orientierten Komplexes $C^2 = \sum_{i=1}^{10} x_i^2$ niemals Null ist. Es besteht nämlich folgendes allgemeine Ergebnis (welches auch als Definition der Orientierbarkeit einer geschlossenen Fläche angenommen werden kann):

Eine geschlossene Fläche ist dann und nur dann orientierbar, wenn man die Dreiecke irgendeiner unter ihren Triangulationen so orientieren kann, daß der dadurch entstehende orientierte Komplex den Rand Null hat.

3°. Bei der auf Abb. 7 angegebenen Triangulation und Orientierung des MÖBIUSschen Bandes ist

$$\dot{C}^2 = 2\,x_1^1 + x_2^1 + x_3^1 + x_4^1 + x_5^1.$$

15. Die orientierten Komplexe und ihre Ränder dienen uns zugleich als Beispiele sog. *algebraischer Komplexe*. Ein (zweidimensionaler) orientierter Komplex, d. h. ein System von orientierten Simplexen, die einer Simplizialzerlegung eines Polyeders entnommen sind, wurde von uns in der Gestalt einer Linearform $\sum x_i^2$ geschrieben; als Rand des orientierten Komplexes $C^2 = \sum x_i^2$ trat ferner eine Linearform $\sum u^j x_j^1$ auf, deren Koeffizienten im allgemeinen *beliebige* ganze Zahlen sein könnten. Solche Linearformen heißen *algebraische Komplexe*. Das Gleiche gilt auch im n-dimensionalen Fall, wenn wir ganz allgemein definieren:

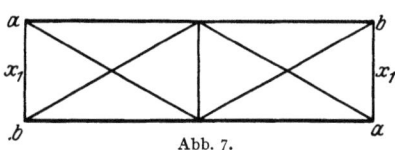

Abb. 7.

Definition I. Ein orientiertes r-dimensionales Simplex, x^r, ist ein r-dimensionales Simplex mit einer beliebig gewählten Reihenfolge seiner Eckpunkte,

$$x^r = (a_0 a_1 \ldots a_r),$$

wobei Reihenfolgen, die auseinander durch eine gerade Permutation der Eckpunkte entstehen, dieselbe Orientierung (dasselbe orientierte Simplex) bestimmen, so daß jedes Simplex $|x^r|$ zwei Orientierungen: x^r und $-x^r$ besitzt[15].

Bemerkung. Es sei x^r ein orientiertes Simplex. Durch die $r+1$ Eckpunkte von x^r geht eine einzige r-dimensionale Hyperebene R^r (des R^n, in dem x^r liegt) und zu jedem r-dimensionalen Simplex $|y^r|$ von R^r gibt es eine einzige Orientierung y^r derart, daß man R^r auf sich durch eine affine Abbildung mit positiver Determinante so abbilden kann, daß dabei das orientierte Simplex x^r in das orientierte Simplex y^r übergeht. Somit *induziert* die Orientierung x^r von $|x^r|$ eine vollkommen bestimmte Orientierung y^r eines jeden Simplexes $|y^r|$, welches in der das Simplex x^r tragenden Hyperebene R^r liegt. Unter diesen Umständen sagt man, daß die Simplexe x^r und y^r *gleich* — oder *übereinstimmend — orientierte* Simplexe *des R^r* sind. Man sagt auch, daß durch das Simplex x^r *der ganze Koordinatenraum R^r orientiert* wird und meint dabei gerade die Tatsache, daß durch das orientierte Simplex x^r alle r-dimensionalen Simplexe des R^r eine feste Orientierung erhalten. Insbesondere kann man jedes in $|x^r|$ liegende r-dimensionale Simplex *übereinstimmend* mit x^r orientieren.

---

[15] Ein nulldimensionales Simplex hat nur eine Orientierung, es hat also keinen Sinn, zwischen x^0 und $|x^0|$ zu unterscheiden.

Definition II. Eine Linearform mit ganzzahligen Koeffizienten,
$$C^r = \sum t^i x_i^r,$$
deren Unbestimmte x_i^r orientierte r-dimensionale *Simplexe* sind, heißt ein *r-dimensionaler algebraischer Komplex*[16].

Anders ausgedrückt: Ein algebraischer Komplex ist ein System von orientierten Simplexen, von denen jedes mit einer bestimmten Vielfachheit gezählt (mit einem ganzzahligen Koeffizienten versehen) ist. Dabei wird im allgemeinen nur vorausgesetzt, daß diese Simplexe in einem und demselben Koordinatenraum R^n liegen; wir setzen aber nicht voraus, daß sie sämtlich einer bestimmten Simplexzerlegung eines Polyeders (d. h. einem geometrischen Komplex) entnommen sind; vielmehr *dürfen* sich im allgemeinen die Simplexe eines algebraischen Komplexes beliebig schneiden. Im Falle, daß die Simplexe eines algebraischen Komplexes C^r zu einem geometrischen Komplex gehören (d. h. durch Orientierung gewisser Elemente einer Simplexzerlegung eines Polyeders gewonnen sind), heißt C^r ein *algebraisches Teilkomplex des betreffenden geometrischen Komplexes* (der gegebenen Simplexzerlegung); hier können Durchsetzungen von Simplexen natürlich nicht auftreten. Dieser Fall ist als der wichtigste zu betrachten.

16. Die algebraischen Komplexe sind als eine mehrdimensionale Verallgemeinerung der gewöhnlichen gerichteten Streckenzüge zu betrachten; dabei ist aber der Begriff des Streckenzuges von vornherein im allgemeinsten Sinne zu nehmen: die einzelnen Strecken dürfen sich durchkreuzen, und es darf auch mehrfach durchlaufene Strecken geben; man darf aber dabei nicht vergessen, daß die ganze Sache algebraisch aufzufassen ist und eine Strecke, die zweimal, und dabei in entgegengesetzten Richtungen, durchlaufen ist, überhaupt nicht mehr zählt. Überdies darf der Streckenzug auch aus mehreren Stücken bestehen (also keine Zusammenhangsvorschrift!). Somit stellen die beiden Abb. 8 und 9 Streckenzüge dar, die, als algebraische Komplexe betrachtet, denselben Aufbau haben (d. h. dieselbe Linearform darstellen).

Da die r-dimensionalen algebraischen Komplexe des R^n als Linearformen nach den gewöhnlichen Regeln der Buchstabenrechnung addiert und subtrahiert werden können, bilden sie eine ABELsche Gruppe $L^r(R^n)$. Man kann auch anstatt des ganzen R^n z. B. ein Teilgebiet G dieses R^n betrachten; die in ihm liegenden r-dimensionalen algebraischen Komplexe bilden dann die Gruppe $L^r(G)$ — eine Untergruppe von $L^r(R^n)$.

Auch die r-dimensionalen algebraischen Teilkomplexe eines geometrischen Komplexes K bilden eine Gruppe — die Gruppe $L^r(K)$; sie

---

[16] Diese Definition gilt auch im Falle $r = 0$: Ein nulldimensionaler algebraischer Komplex ist ein endliches System von Punkten, denen gewisse (positive, negative oder verschwindende) ganze Zahlen als Koeffizienten zugeordnet sind.

bildet den Ausgangspunkt fast aller weiteren Betrachtungen. Bevor wir zu diesen übergehen, möchte ich aber die Aufmerksamkeit des Lesers darauf lenken, daß die Begriffe „Polyeder", „geometrischer Komplex", „algebraischer Komplex" zu ganz verschiedenen logischen Kategorien gehören: Ein Polyeder ist eine Punktmenge, also eine Menge, deren Elemente gewöhnliche Punkte des R^n sind; ein geometrischer Komplex ist eine (endliche) Menge, deren Elemente Simplexe sind, und zwar Simplexe im naiven geometrischen Sinne also ohne Orientierung. Ein algebraischer Komplex ist überhaupt keine Menge: Es wäre falsch zu sagen, daß ein algebraischer Komplex eine Menge von orientierten Simplexen ist, denn das Wesentliche an einem algebraischen Komplex ist, daß die Simplexe, die in ihm auftreten, mit Koeffizienten versehen, also im allgemeinen mit einer gewissen Multiplizität zu zählen sind.

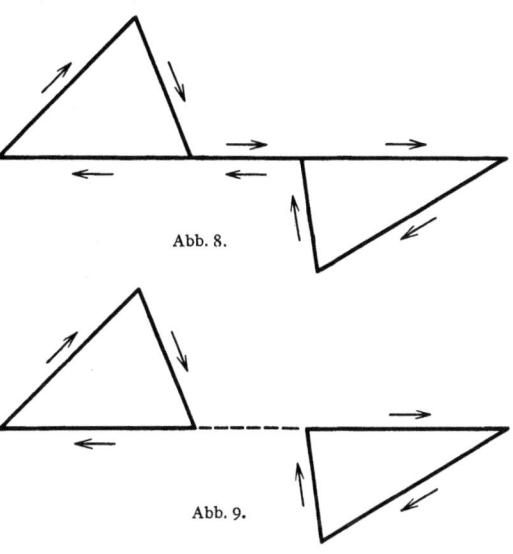

Abb. 8.

Abb. 9.

In diesem Unterschied zwischen den drei öfters gleichzeitig auftretenden Begriffen spiegeln sich die Eigenarten der mengentheoretischen und algebraischen Einstellungen der Topologie.

17. Als Rand $\dot C^r$ des algebraischen Komplexes $C^r = \sum t^i x_i^r$ wird die algebraische Summe der Ränder der einzelnen orientierten Simplexe x_i^r, also $\sum t^i \dot x_i^r$, definiert, wobei als Rand des orientierten Simplex $x^r = (a_0 a_1 \ldots a_r)$ der $r-1$-dimensionale algebraische Komplex

(4) $$\dot x^r = \sum_{i=0}^{r}(-1)^i (a_0 \ldots a_{i-1} a_{i+1} \ldots a_r)$$

erklärt ist[17]. Im Falle, daß der Rand C^r Null ist (z. B. im Falle des

---

[17] Ein nulldimensionales Simplex hat den Rand Null; als Rand des eindimensionalen orientierten Simplex, d. h. der gerichteten Strecke $(a_0 a_1)$ tritt nach der Formel (4) der Ausdruck $a_1 - a_0$ auf: der eine Endpunkt ist also mit dem Koeffizienten $+1$, der andere mit dem Koeffizienten -1 versehen.

In der symbolischen Ausdrucksweise der Fußnote [13] kann man die Formel (4) in der Gestalt

$$\dot x^r = \sum_{i=0}^{r}(-1)^i \frac{\partial x^r}{\partial a_i}$$

schreiben.

Beispiels 1° von **11**), heißt C^r ein *Zyklus*[18]. Somit ist in der Gruppe $L^r(R^n)$ und analog auch in $L^r(K)$ bzw. $L^r(G)$ als Untergruppe die Gruppe aller r-dimensionalen Zyklen $Z^r(R^n)$ bzw. $Z^r(K)$ bzw. $Z^r(G)$ definiert.

Wir können jetzt sagen (vgl. **14**): Eine geschlossene Fläche ist dann und nur dann orientierbar, wenn man durch passend gewählte Orientierungen irgendeiner Simplex- (d. h. in diesem Falle Dreieck-) Zerlegung dieser Fläche erreichen kann, daß der durch diese Orientierung gelieferte orientierte Komplex ein Zyklus ist. Wörtlich dieselbe Definition gilt auch für den Fall einer geschlossenen Mannigfaltigkeit beliebiger Dimension. Es sei sogleich bemerkt: Die Orientierbarkeit, die wir soeben als Eigenschaft einer bestimmten Simplexzerlegung der Mannigfaltigkeit definiert haben, drückt in Wirklichkeit eine Eigenschaft der Mannigfaltigkeit selbst aus, denn es läßt sich beweisen, daß, wenn *eine* Simplexzerlegung der Mannigfaltigkeit der Bedingung der Orientierbarkeit genügt, dasselbe auch von *jeder* Simplexzerlegung dieser Mannigfaltigkeit gilt.

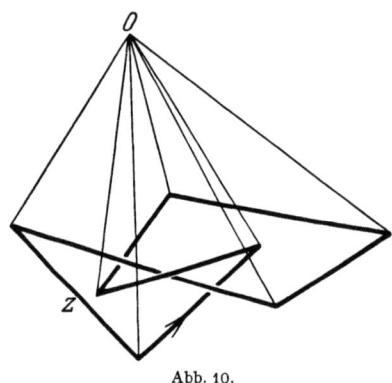

Abb. 10.

Bemerkung. Sind x^n und y^n zwei übereinstimmend orientierte Simplexe des R^n, die die gemeinsame Seite $|x^{n-1}|$ haben, so tritt die (irgendwie orientierte) Seite x^{n-1} in $\dot{x}^n$ und $\dot{y}^n$ mit gleichen oder mit verschiedenen Vorzeichen auf, je nachdem die Simplexe $|x^n|$ und $|y^n|$ auf einer und derselben oder auf verschiedenen Seiten der das Simplex $|x^{n-1}|$ tragenden Hyperebene R^{n-1} liegen. Den Beweis dieser Behauptung überlassen wir dem Leser als Übungsaufgabe.

18. Wie leicht nachzurechnen, ist der Rand eines Simplex ein Zyklus. Daraus folgt aber, daß auch der Rand eines beliebigen algebraischen Komplexes ein Zyklus ist. Es ist andererseits leicht zu zeigen, daß es zu jedem Zyklus Z^r, $r > 0$, im R^n einen in diesem R^n gelegenen algebraischen Komplex gibt, welcher durch Z^r berandet ist[19]: es genügt in der Tat, einen von allen Eckpunkten des Zyklus Z^r verschiedenen Punkt O des Raumes zu wählen und die über den gegebenen Zyklus

---

[18] Insbesondere ist jeder nulldimensionale algebraische Komplex offenbar ein Zyklus.

[19] Dagegen berandet ein nulldimensionaler Zyklus im R^n dann und nur dann, wenn seine Koeffizientensumme gleich Null ist (Beweis durch Induktion nach der Streckenzahl des berandeten Polygons).

errichtete „Pyramide" (mit der Spitze in O) zu betrachten (Abb. 10). Mit anderen Worten: Wenn
$$Z^r = \sum_{(i)} c^i x_i^r$$
und
$$x_i^r = (a_0^i, a_1^i, \ldots, a_r^i)$$
ist, so definiere man das $r+1$-dimensionale orientierte Simplex x_i^{r+1} als
$$x_i^{r+1} = (O, a_0^i, a_1^i, \ldots, a_r^i)$$
und betrachte den algebraischen Komplex $C^{r+1} = \sum_{(i)} c^i x_i^{r+1}$: der Rand von C^{r+1} ist z^r, da sich alles übrige weghebt.

Wenn wir aber anstatt des ganzen R^n irgendein Gebiet G desselben (allgemeiner: eine beliebige offene Menge im R^n) betrachten, so sind die Verhältnisse nicht mehr so einfach: ein in G gelegener Zyklus braucht dortselbst nicht zu beranden: es genügt ja schon, einen ebenen Kreisring als das Gebiet G zu wählen, um sich zu überzeugen, daß es nichtberandende Zyklen (in diesem Fall geschlossene Polygone) gibt (Abb. 11). Ebenso gibt es im allgemeinen unter den Zyklen eines geometrischen Komplexes solche, die in diesem Komplex nicht beranden: es genügt, den geometrischen Komplex der Abb. 12 zu betrachten: der Zyklus ABC und ebenso der Zyklus abc beranden offenbar nicht.

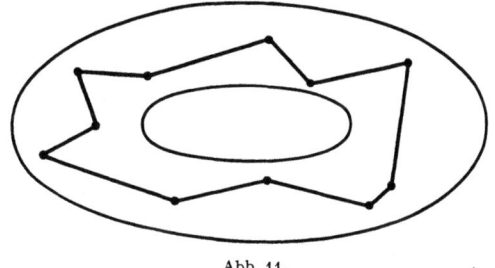

Abb. 11.

Somit ist in der Gruppe $Z^r(G)$ bzw. $Z^r(K)$ die Untergruppe $H^r(G)$ bzw. $H^r(K)$ aller berandenden Zyklen ausgezeichnet: die Elemente von $H^r(G)$ bzw. $H^r(K)$ sind Zyklen, zu

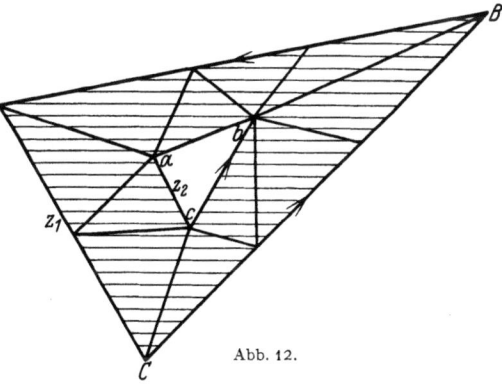

Abb. 12.

denen es in G bzw. K algebraische Komplexe gibt, welche durch die gegebenen Zyklen berandet sind.

Am Beispiel der auf Abb. 6 gegebenen Triangulation der projektiven Ebene sehen wir, daß es vorkommen kann, daß ein Zyklus z in K nicht berandet, während ein gewisses ganzzahliges Vielfaches desselben (d. h. ein Zyklus von der Form tz, wobei t eine von Null verschiedene ganze Zahl ist) als Rand eines algebraischen Teilkomplexes von K auftritt: Wir haben in der Tat gesehen, daß der Zyklus $2x_1^1 + 2x_2^1 + 2x_3^1 = 2z^1$ (die „doppelt gezählte projektive Gerade") in der Triangulation von Abb. 6 berandet, während es in derselben Triangulation keinen algebraischen Komplex gibt, welcher den Zyklus $z^1 = (x_1 + x_2 + x_3)$ als seinen Rand hätte. Es ist also angebracht, als *Randteiler* alle diejenigen Zyklen z^r von K (von G) zu bezeichnen, zu denen es eine von Null verschiedene ganze Zahl t gibt derart, daß tz in K (in G) berandet. Da t auch den Wert 1 annehmen kann, sind unter den Randteilern auch die eigentlichen Ränder (d. h. die berandenden Zyklen) enthalten. Die Randteiler bilden, wie leicht ersichtlich, eine Untergruppe der Gruppe $Z^r(K)$ bzw. $Z^r(G)$, die wir mit $H_0^r(K)$ bzw. $H_0^r(G)$ bezeichnen; offenbar ist die Gruppe $H^r(K)$ in der Gruppe $H_0^r(K)$ enthalten.

19. Wenn z^r in K (in G) berandet, sagen wir auch, daß z^r dortselbst *stark-homolog* Null ist, und schreiben $z^r \sim 0$ (in K bzw. in G); wenn z^r ein Randteiler von K (von G) ist, sagen wir, daß z *schwach-homolog* Null ist, und schreiben $z \approx 0$ (in K bzw. in G).

Wenn zwei Zyklen des geometrischen Komplexes K (oder des Gebietes G) die Eigenschaft haben, daß der Zyklus $z_1^r - z_2^r$ homolog Null ist, so sagt man, daß die Zyklen z_1^r und z_2^r *untereinander homolog* sind; diese Definition gilt sowohl für starke als auch für schwache Homologie, so daß man die Relationen $z_1^r \sim z_2^r$ und $z_1^r \approx z_2^r$ hat. Beispiele hierfür sind auf Abb. 12 ($z_1 \sim z_2$) sowie auf den folgenden Abbildungen angegeben.

In den folgenden Abbildungen ist unter dem Gebiet G das Gebiet des dreidimensionalen Raumes gemeint, welches zu der geschlossenen Jordankurve S bzw. zur Lemniskate Λ komplementär ist.

20. Somit zerfällt die Gruppe $Z^r(K)$ in sog. *Homologie*klassen, d. h. in Klassen von untereinander homologen Zyklen; es gibt im allgemeinen

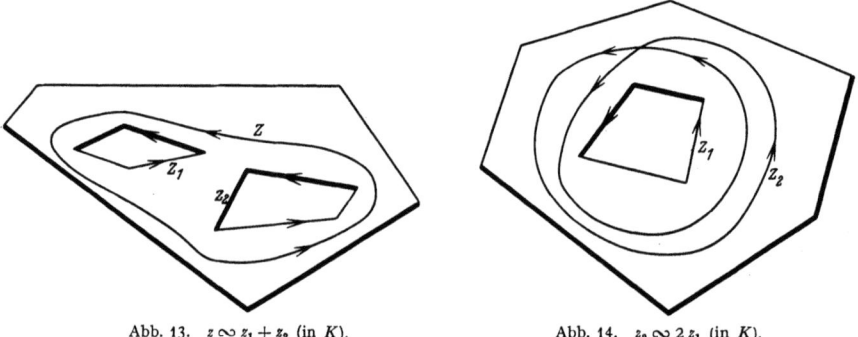

Abb. 13. $z \sim z_1 + z_2$ (in K).   Abb. 14. $z_2 \sim 2 z_1$ (in K).

wiederum schwache und starke Homologieklassen, je nachdem der schwache oder starke Homologiebegriff gemeint ist. Wenn man, wie schon öfters, für K den geometrischen Komplex der Abb. 6 nimmt, gibt es zwei starke Homologieklassen der Dimensionszahl 1, denn jeder eindimensionale Zyklus von K ist entweder homolog Null (gehört also zur Nullklasse) oder homolog der projektiven Geraden (d. h. etwa dem Zyklus $x_1 + x_2 + x_3$). Da jeder eindimensionale Zyklus von K in un-

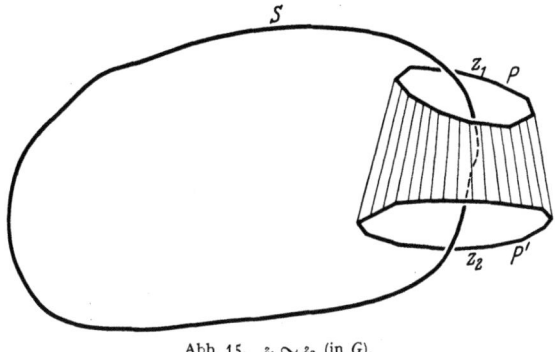

Abb. 15. $z_1 \sim z_2$ (in G).

serem Falle ein Randteiler ist, gibt es nur eine schwache Homologieklasse — die Nullklasse.

Was die eindimensionalen Homologieklassen der auf Abb. 12 und 13 angegebenen Komplexe betrifft, so können sie sämtlich aufgezählt werden, wenn man bemerkt, daß auf Abb. 12 jeder eindimensionale Zyklus einer Homologie $z \sim tz_1$, auf Abb. 13 einer Homologie $z \sim uz_1 + vz_2$ genügt, wobei t, u, v ganze Zahlen sind; überdies stimmen für beide

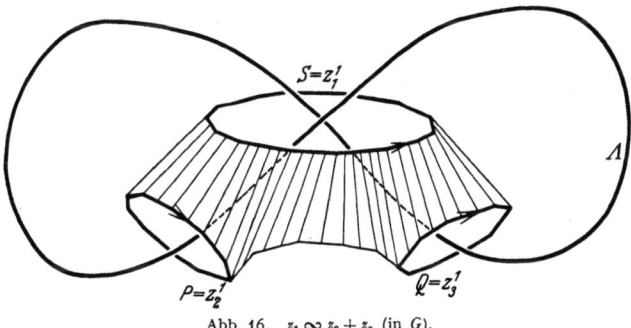

Abb. 16. $z_1 \infty z_2 + z_3$ (in G).

Komplexe die starken Homologieklassen mit den schwachen überein (denn es gibt keine Randteiler, die nicht zugleich Ränder sind).

Wenn ζ_1 und ζ_2 zwei Homologieklassen und z_1, z_2 willkürliche Zyklen sind, die zu ζ_1 bzw. ζ_2 gehören, so bezeichnet man mit $\zeta_1 + \zeta_2$ die Homologieklasse, zu der der Zyklus $z_1 + z_2$ gehört. Diese Definition der Summe zweier Homologieklassen ist korrekt, denn man überzeugt sich mühelos, daß die als $\zeta_1 + \zeta_2$ erklärte Homologieklasse von der speziellen Wahl der Zyklen z_1 und z_2 in ζ_1 und ζ_2 nicht abhängt.

22   Algebraische Komplexe.

Die r-dimensionalen Homologieklassen von K bilden also eine Gruppe — die sog. Faktorgruppe von $Z^r(K)$ nach $H^r(K)$ bzw. nach $H_0^r(K)$; sie wird die *r-dimensionale* BETTI*sche Gruppe* von K genannt; man unterscheidet dabei zwischen der *vollen* und der *freien* (oder *reduzierten*) BETTIschen Gruppe — die erste entspricht dem starken Homologiebegriff [ist also die Faktorgruppe $B^r(K)$ von $Z^r(K)$ nach $H^r(K)$], während die zweite die Gruppe der schwachen Homologieklassen [die Faktorgruppe $B_0^r(K)$ von $Z^r(K)$ nach $H_0^r(K)$] ist. Für Beispiele vgl. Nr. **44**.

Aus der obigen Diskussion folgt, daß die volle eindimensionale BETTIsche Gruppe der auf Abb. 6 gegebenen Triangulation der projektiven Ebene die endliche Gruppe zweiter Ordnung ist; dagegen ist

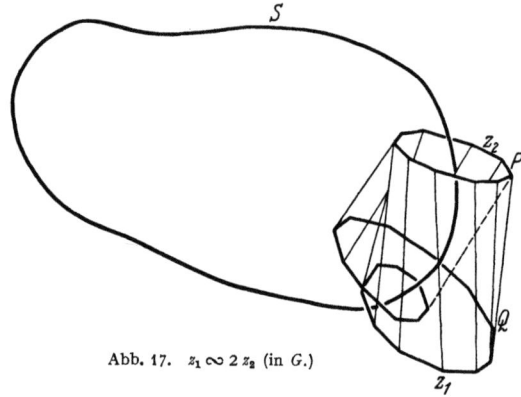

Abb. 17. $z_1 \infty 2 z_2$ (in G.)

die freie (eindimensionale) BETTIsche Gruppe desselben Komplexes die Nullgruppe. Die eindimensionale BETTIsche Gruppe des Komplexes K (Abb. 12) ist die unendliche zyklische Gruppe, während zur Abb. 13 als eindimensionale BETTIsche Gruppe die Gruppe aller Linearformen $u\zeta_1 + v\zeta_2$ (mit ganzzahligen u und v) gehört. In den beiden letzten Fällen stimmen die volle und die reduzierte BETTIschen Gruppen überein.

Aus einfachen gruppentheoretischen Sätzen folgt, daß die volle und die reduzierte BETTIsche Gruppe (irgendeiner Dimension r) denselben *Rang* — d. h. dieselbe Maximalzahl der in der Gruppe wählbaren linearunabhängigen Elemente — haben; dieser gemeinsame Rang heißt die *r-dimensionale* BETTI*sche Zahl*[20] des Komplexes K; für die projektive Ebene und die Dimensionszahl 1 ist sie gleich Null, für die Komplexe der Abb. 12 und 13 erhält man als eindimensionale BETTIsche Zahlen die Zahlen 1 bzw. 2.

21. Dieselben Definitionen gelten auch für Gebiete G des R^n. Es ist dabei allerdings zu beachten, daß, während im Falle geometrischer

---

[20] Der Leser wird mühelos beweisen können, daß die nulldimensionale BETTIsche Zahl eines Komplexes K gleich seiner *Komponentenzahl* ist (d. h. der Anzahl der Stücke, in die das zugehörige Polyeder zerfällt).

Komplexe alle genannten Gruppen endlich viele Erzeugenden besitzen, dies für Gebiete des R^n durchaus nicht der Fall zu sein braucht. Schon das Komplementärgebiet zu der im R^3 gelegenen, aus unendlich vielen gegen einen Punkt konvergierenden Kreislinien bestehenden Figur (Abb. 18) hat, wie leicht ersichtlich, eine unendliche eindimensionale BETTIsche Zahl (folglich eine BETTIsche Gruppe, die keinen endlichen Rang, also keineswegs eine endliche Anzahl von Erzeugenden besitzt).

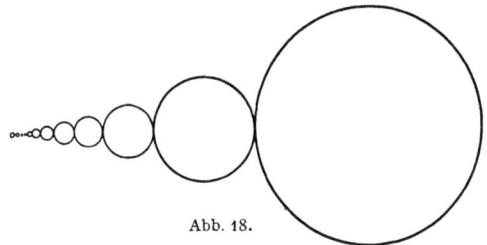

Abb. 18.

22. Der Darstellung der Grundbegriffe der sog. *algebraischen* Topologie[21], die wir soeben gegeben haben, liegt der Begriff des orientierten Simplexes zugrunde. In vielen Fragen braucht man aber die Orientierung eines Simplexes gar nicht in Betracht zu ziehen — und kann trotzdem die algebraische Methode weitgehend benutzen. In solchen Fällen werden übrigens alle Überlegungen viel einfacher, denn es fallen die Vorzeichenbetrachtungen (die öfters zu recht langweiligen Rechnungen führen) grundsätzlich weg. Diese Ausschaltung der Orientierung überall, wo sie sachlich möglich ist, führt zu den sog. Betrachtungen *„modulo 2"*; letztere bestehen darin, daß in allen Linearformen, die wir bis jetzt betrachtet haben, sämtliche Koeffizienten durch ihre Restklassen modulo 2 ersetzt werden. Man setzt also anstatt einer geraden Zahl überall die Ziffer 0, anstatt einer ungeraden Zahl die Ziffer 1 und verfährt mit diesen Ziffern nach den Rechnungsregeln

$$0 + 0 = 0, \; 0 + 1 = 1 + 0 = 1, \; 1 + 1 = 0,$$
$$0 - 1 = 1 - 0 = 1,$$
$$0 - 0 = 1 - 1 = 0.$$

Insbesondere ist ein algebraischer Komplex modulo 2 eine Linearform, deren Unbestimmte ohne Orientierung betrachtete Simplexe mit den Koeffizienten 0 oder 1 sind[22]; als Rand eines Simplexes x^n tritt in

---

[21] Wir ziehen diesen Ausdruck dem sonst üblichen Terminus „*kombinatorische*" Topologie vor, denn es handelt sich hier um eine viel weitere Anwendung der algebraischen Methoden und Grundbegriffe, als das Wort „Kombinatorik" es vermuten läßt.

[22] Man kann die geometrischen Komplexe als einen Spezialfall der algebraischen Komplexe modulo 2 betrachten, wenn man den Koeffizienten 1 als ein Zeichen des Auftretens, den Koeffizienten Null als ein Zeichen des Nichtauftretens eines Simplexes im Komplex auffaßt. Diese Bemerkung erlaubt uns Sätze, die für algebraische Komplexe bewiesen werden, auch auf geometrische Komplexe anzuwenden.

der Theorie modulo 2 der Komplex modulo 2, welcher aus allen $n-1$-dimensionalen Seiten des Simplexes x^n besteht. Sodann ist auch der Rand modulo 2 eines beliebigen Komplexes C^n definiert, und zwar als Summe (immer modulo 2!) der Ränder der einzelnen n-dimensionalen Simplexe von C^n. Man kann auch sagen, daß der Rand modulo 2 von C^n aus allen und nur denjenigen $n-1$-dimensionalen Simplexen von C^n besteht, an die eine ungerade Anzahl von n-dimensionalen Simplexen anschließt. Der Leser wird sich selbst mühelos Beispiele konstruieren, die das Gesagte illustrieren.

Die Begriffe des Zyklus, der Homologie, der BETTIschen Gruppe modulo 2 lassen sich wörtlich so einführen wie im „orientierten" Fall. Es ist allerdings zu beachten, daß alle unsere Gruppen $L^r(K)$, $Z^r(K)$, $B^r(K)$ usw. jetzt zu endlichen Gruppen werden (die wir mit $L_2^r(K)$, $Z_2^r(K)$, $B_2^r(K)$ usw. bezeichnen), denn man hat ja jetzt überall Linearformen in endlich-vielen Unbestimmten, deren Koeffizienten nur die beiden Werte 0 und 1 annehmen. Die auf der Abb. 6 gegebene Triangulation der projektiven Ebene kann als Beispiel eines zweidimensionalen Zyklus modulo 2 dienen, denn — als algebraischer Komplex modulo 2 betrachtet — hat sie offenbar einen verschwindenden Rand. Da für einen n-dimensionalen Komplex K_2^n die Gruppe $Z^n(K^n)$ mit $B^n(K^n)$, ebenso auch $Z_2^n(K^n)$ mit $B_2^n(K^n)$ isomorph sind, ist für die projektive Ebene die zweidimensionale BETTIsche Gruppe modulo 2 von Null verschieden (ihre Ordnung ist 2); ebenfalls von der Ordnung 2 ist im Falle der projektiven Ebene auch die eindimensionale BETTIsche Gruppe modulo 2.

Man kann schließlich auch den Begriff der r-dimensionalen BETTIschen Zahl modulo 2 einführen: daß ist der *Rang modulo 2* der Gruppe $B_2^r(K)$, d. h. die größte Anzahl von Elementen $u_1, u_2, \ldots, u_s$ dieser Gruppe, die keiner Relation von der Form

$$t_1 u_1 + t_2 u_2 + \cdots + t_s u_s = 0$$

mit nicht sämtlich verschwindenden t_i genügen (die t_i können nur die Werte 0 und 1 annehmen).

Die null-, die ein- und die zweidimensionale BETTIsche Zahl der projektiven Ebene haben alle drei den Wert 1[23].

---

[23] Die Theorie modulo 2 rührt von VEBLEN und ALEXANDER her; sie spielt in der modernen Topologie eine sehr wichtige Rolle und hat auch die allgemeinste Fassung des Begriffes „algebraischer Komplex" vorbereitet: ist J irgendein kommutativer Ring mit Einheitselement (vgl. etwa v. D. WAERDEN, Moderne Algebra, Kap. III), so versteht man unter einem *algebraischen Komplex des Koeffizientenbereiches* J eine Linearform, deren Unbestimmte orientierte Simplexe, deren Koeffizienten Elemente des Ringes J sind. Sodann definiert man Ränder, Zyklen, Homologien usw. genau wie früher, aber in bezug auf den Ring J; insbesondere ist jetzt der Koeffizient 1 bzw. -1 als eines der betreffenden Elemente des Ringes (welcher ja nach Voraussetzung ein Einheitselement enthält) zu deuten. Ist J der Restklassenring modulo m, so spricht man von algebraischen Komplexen modulo m,

23. Wir schließen unsere algebraisch-kombinatorischen Betrachtungen mit dem Begriff der *Unterteilung*. Zerlegt man jedes Simplex eines geometrischen Komplexes K in („kleinere") Simplexe, so daß die Gesamtheit aller so gewonnenen Simplexe wiederum einen geometrischen Komplex K_1 bildet, so heißt K_1 eine *Unterteilung von K*. Besteht K aus einem einzigen Simplex, so bilden die Elemente der Unterteilung, welche auf dem Rande des Simplexes liegen, eine Unterteilung dieses Randes. Daraus folgt, daß wenn K ein geometrischer Komplex, K_1^n seine Unterteilung und K^r der aus allen r-dimensionalen ($r \leq n$) Elementen von K^n gebildete Komplex ist, die Gesamtheit derjenigen Elemente von K_1, welche auf Simplexen von K^r liegen, eine Unterteilung von K^r bilden.

Man kann auch von Unterteilungen algebraischer Komplexe sprechen; wir wollen das für den wichtigsten Spezialfall tun, in dem der algebraische Komplex $C^n = \sum t^i x_i^n$ ein algebraischer Teilkomplex eines geometrischen Komplexes ist. Sodann bildet auch die Gesamtheit aller Simplexe von C^n (ohne daß man ihre Koeffizienten und ihre Orientierungen berücksichtigt) einen geometrischen Komplex K^n. Es sei K_1^n eine Unterteilung von K^n, $|y_n|$ irgendein Simplex von K_1^n; es liegt auf einem bestimmten Simplex $|x_i^n|$ von $|C^n|$; wir orientieren nun das Simplex $|y^n|$ übereinstimmend mit x_i^n (vgl. **15**) und geben ihm den Koeffizienten t^i; auf diese Weise erhalten wir einen algebraischen Komplex, der eine Unterteilung des algebraischen Komplexes C^n heißt. Man überzeugt sich ohne Mühe davon, daß der Rand der Unterteilung C_1^n von C^n eine Unterteilung des Randes von C^n ist. (Modulo 2 betrachtet, liefert das Verfahren nichts außer der Unterteilung eines geometrischen Komplexes.)

III. Simpliziale Abbildungen und Invarianzsätze.

24. Fassen wir das bisher Gesagte zusammen, so sehen wir, daß es sich im wesentlichen um zwei große Begriffsbildungen handelt: die *topologischen Räume* einerseits und die *Komplexe* andererseits. Die beiden Begriffe entsprechen den beiden Auffassungen des Grundbegriffes aller Geometrie — des Begriffes der geometrischen Figur: nach der ersten Auffassung, die der synthetischen Geometrie von EUKLID bis zu unseren Tagen innewohnt, ist eine Figur ein endliches System von im allgemeinen heterogenen Elementen (wie Punkte, Gerade, Ebenen usw. oder auch Simplexe verschiedener Dimensionszahlen), die nach

---

diese sind in der Topologie von immer zunehmender Bedeutung. Von großer Wichtigkeit ist auch die Menge R der rationalen Zahlen, als Koeffizientenbereich betrachtet; insbesondere sind die Zyklen, die wir in **18** als Randteiler definiert haben, nichts anderes als Zyklen mit ganzzahligen Koeffizienten, die in bezug auf R (aber nicht notwendig in bezug auf den Ring der ganzen Zahlen) in K beranden.

bestimmten Regeln miteinander verknüpft werden, also eine *Konfiguration* im allgemeinsten Sinne dieses Wortes. Nach der zweiten Auffassung ist eine Figur eine *Punktmenge*, eine im allgemeinen *unendliche* Gesamtheit gleichartiger Elemente. Eine solche Gesamtheit muß auf die eine oder andere Weise zu einem geometrischen Gebilde — einer Figur oder einem Raume — organisiert werden, was z. B. mittels Einführung eines Koordinatensystems oder eines Entfernungsbegriffes oder der Einführung von Umgebungen geschieht[24].

Wie schon gesagt, erscheinen in den Arbeiten von POINCARÉ die beiden Betrachtungsweisen simultan: das kombinatorische Schema wird bei POINCARÉ nie zum Selbstzweck, es bleibt immer ein Hilfsmittel, ein Apparat zur Untersuchung der „Mannigfaltigkeit selbst", also letzten Endes einer Punktmenge. Das Mengentheoretische bleibt aber bei POINCARÉ in seinen ersten Anfängen stehen, weil eben nur Mannigfaltigkeiten und kaum allgemeinere geometrische Gebilde untersucht werden[25]. Deswegen, und auch wegen der großen Schwierigkeiten, die mit der allgemeinen Fassung des Mannigfaltigkeitsbegriffes verbunden sind, kann man von einem Ineinandergreifen, von einer Verschmelzung der beiden Methoden in der POINCARÉschen Periode noch kaum sprechen.

Die weitere Entwicklung der Topologie steht zunächst im Zeichen einer scharfen Trennung der mengentheoretischen und der kombinatorischen Methoden: die kombinatorische Topologie wollte sehr bald von keiner geometrischen Realität, außer der, die sie im kombinatorischen Schema selbst (und seinen Unterteilungen) zu haben glaubte, etwas wissen, während die mengentheoretische Richtung derselben Gefahr der vollen Isolation von der übrigen Mathematik auf dem Wege der Auftürmung von immer spezielleren Fragestellungen und immer komplizierteren Beispielen entgegenlief.

Diesen beiden extremen Flügeln gegenüber erhebt sich das monumentale Gebäude der BROUWERschen Topologie, in der — wenigstens im Keim — die sich gegenwärtig rasch vollziehende Verschmelzung der beiden topologischen Grundmethoden gegeben wurde. Es gibt in den modernen topologischen Untersuchungen kaum Fragestellungen größeren Stils, von denen keine Fäden zu den BROUWERschen Arbeiten führten, für die im BROUWERschen Vorrat topologischer Methoden und Begriffsbildungen nicht bereits ein — öfters völlig gebrauchsfertiges — Werkzeug zu finden wäre.

---

[24] Auch die mengentheoretische Auffassung einer Figur geht bis in die ältesten Zeiten zurück — man denke etwa an den Begriff des geometrischen Ortes. Zur herrschenden Auffassung der modernen Geometrie wurde sie erst durch die Entdeckung der analytischen Geometrie.

[25] Allerdings führen die Arbeiten POINCARÉS auf dem Gebiete der Differentialgleichungen und der Himmelsmechanik bereits sehr nahe an die modernen Fragestellungen der mengentheoretischen Topologie heran.

Mit BROUWER beginnt die Periode der stürmischen Entwicklung der Topologie, die die letzten zwanzig Jahre anhält und uns — hauptsächlich durch die großen Entdeckungen der amerikanischen Topologen[26] — zu der heutigen „Blütezeit" der Topologie geführt hat, in der die Analysis Situs — von jeder Gefahr des Abgeschlossenseins noch weit entfernt — als ein großes, sich in engster Fühlung mit den verschiedensten Ideen- und Fragekreisen der gesamten Mathematik harmonisch entwickelndes Gebiet vor uns liegt.

Im Mittelpunkt des BROUWERschen Schaffens stehen die *topologischen Invarianzsätze*. Unter diesem Namen vereinigen wir in erster Linie Sätze, welche behaupten, daß eine gewisse Eigenschaft, die sich auf geometrische Komplexe bezieht, für alle Simplexzerlegungen untereinander homöomorpher Polyeder gilt, sobald sie für eine unter diesen Zerlegungen zutrifft. Das klassische Beispiel eines solchen Invarianzsatzes ist der BROUWERsche Satz von der Invarianz der Dimensionszahl: *wenn als Simplexzerlegung eines Polyeders P ein n-dimensionaler Komplex K^n auftritt, so ist jede Simplexzerlegung von P, sowie auch jede Simplexzerlegung eines mit P homöomorphen Polyeders P_1 ebenfalls ein n-dimensionaler Komplex.*

Neben dem Satz von der Invarianz der Dimension erwähnen wir als zweites Beispiel den von ALEXANDER bewiesenen *Satz von der Invarianz der* BETTIschen *Gruppen*: Sind K und K_1 Simplexzerlegungen zweier homöomorpher Polyeder P und P_1, so ist jede BETTIsche Gruppe von P der entsprechenden BETTIschen Gruppe von K_1 isomorph[27].

25. Zum Beweise der Invarianzsätze braucht man ein wesentlich neues Hilfsmittel — die von BROUWER eingeführten *simplizialen Abbildungen* bzw. *simplizialen Approximationen* der stetigen Abbildungen. Die simplizialen Abbildungen bilden das mehrdimensionale Analogon der stückweise linearen Funktionen, während die simplizialen Approximationen einer stetigen Abbildung den linearen Interpolationen stetiger Funktionen analog sind. Bevor wir eine genaue Formulierung dieser Begriffe geben, bemerken wir, daß ihre Tragweite weit über die topologischen Invarianzbeweise hinausreicht: sie bilden nämlich die Grundlage

---

[26] ALEXANDER, LEFSCHETZ, VEBLEN in der Topologie selbst, BIRKHOFF und seine Nachfolger in den topologischen Methoden der Analysis.

[27] Die Tragweite dieser beiden Sätze wird nicht beeinträchtigt, wenn man voraussetzt, daß K und K_1 zwei krumme Simplexzerlegungen eines und desselben Polyeders sind, denn bei einer topologischen Abbildung geht eine (beliebige, auch krumme) Simplexzerlegung von P_1 in eine (im allgemeinen krumme) Simplexzerlegung von P über. Man könnte sich andererseits auf geradlinige Simplexzerlegungen gewöhnlicher („geradliniger") Polyeder beschränken, müßte aber dann *die beiden* Polyeder P und P_1 betrachten: ist in der Tat P ein beliebiges Polyeder in einer (krummen) Simplexzerlegung K, so gibt es eine topologische Abbildung von P in einen hinreichend hoch dimensionalen Euklidischen Raum, bei der P in ein geradliniges Polyeder P' und K in dessen geradlinige Simplexzerlegung K' übergeht.

der ganzen allgemeinen Theorie der stetigen Abbildungen von Mannigfaltigkeiten und gehören — neben dem Begriff des topologischen Raumes und des Komplexes — zu den allerwichtigsten Begriffen der Topologie.

26. Es sei jedem Eckpunkt a des geometrischen Komplexes K ein Eckpunkt $b = f(a)$ des geometrischen Komplexes K' zugeordnet, und zwar unter der Geltung folgender Bedingung: falls $a_1, \ldots, a_s$ Eckpunkte eines und desselben Simplexes von K sind, so gibt es auch in K' ein Simplex, das alle (übrigens nicht notwendig voneinander verschiedenen) Eckpunkte $f(a_1), \ldots, f(a_s)$ als seine Eckpunkte besitzt. Aus dieser Bedingung folgt, daß jedem Simplex von K ein (gleich- oder niedrigerdimensionales) Simplex von K' entspricht[28]. Es liegt also eine Abbildung des Komplexes K in den Komplex K' vor[29]. Eine auf diese Weise entstehende Abbildung von K in K' heißt eine *simpliziale Abbildung des einen geometrischen Komplexes in den anderen*.

27. Ist jetzt $x^r = (a_0 a_1 \ldots a_r)$ ein orientiertes Simplex von K, so sind zwei Fälle zu unterscheiden: entweder sind die Bildpunkte $b_0 = f(a_0), \ldots, b_r = f(a_r)$ paarweise untereinander verschiedene Eckpunkte von K' — in diesem Falle setzen wir $f(x^r) = (b_0 b_1 \ldots b_r)$; oder aber fallen mindestens zwei unter den Bildpunkten b_i, b_j zusammen, dann setzen wir definitionsgemäß $f(x^r) = 0$. *Somit tritt als simpliziales Bild eines orientierten Simplexes entweder ein gleichdimensionales orientiertes Simplex oder die Null auf*[30].

Es sei jetzt ein algebraischer Teilkomplex $C^r = \sum t^i x_i^r$ des Komplexes K gegeben; nach dem soeben Gesagten ergibt die simpliziale Abbildung f von K in K' für jedes orientierte Simplex x^r ein wohldefiniertes Bild $f(x^r)$, wobei $f(x^r)$ entweder ein orientiertes r-dimensionales Simplex von K' oder Null ist. Somit ist $f(C^r) = \sum t^i f(x_i^r)$ ein eindeutig bestimmter (evtl. verschwindender) r-dimensionaler algebraischer Teilkomplex von K': *das Bild von C^r bei der simplizialen Abbildung von K in K'*[31].

---

[28] Faßt man K als einen algebraischen Komplex modulo 2 auf, so erweist sich als zweckmäßig, im Falle, daß ein Simplex $|x^r|$ von K auf ein niedrigerdimensionales Simplex von K' abgebildet wird, zu sagen, daß *das Bild von $|x^r|$ Null ist* (d. h. als r-dimensionaler Simplex verschwindet).

[29] Wenn jedem Element der Menge M ein Element der Menge N entspricht, so spricht man von einer Abbildung der Menge M *in* die Menge N. Die Abbildung wird zu einer Abbildung von M *auf* N, wenn *jedes* Element von N Bild von mindestens einem Element von M ist.

[30] Der geometrische Sinn des Auftretens der Null ist klar: fallen zwei Eckpunktbilder zusammen, so artet das Bildsimplex aus, d. h. es verschwindet, wenn man es als r-dimensionales Simplex betrachten will. Dieselbe Abbildungsvorschrift gilt auch im Falle, daß ein nichtorientiertes Simplex als Element eines algebraischen Komplexes modulo 2 aufgefaßt wird (vgl. Anm. 28).

[31] Man kann auch direkt von der simplizialen Abbildung f des algebraischen Komplexes C^r in (den geometrischen Komplex) K' sprechen.

28. Aus diesen Definitionen folgt mühelos der eigentlich selbstverständliche und trotzdem äußerst wichtige

1. Erhaltungssatz. *Wird das orientierte Simplex x^r in K' simplizial abgebildet, so ist $f(\dot{x}^r) = (f(x^r))^{\cdot}$.*

Daraus durch einfache Addition:

$$f(\dot{C}^r) = (f(C^r))^{\cdot}$$

in Worten: *Das Bild des Randes* (eines beliebigen algebraischen Komplexes) *ist* (bei jeder simplizialen Abbildung) *gleich dem Rande des Bildes.*

Aus dem 1. Erhaltungssatz folgt ohne Mühe der außerordentlich wichtige

2. Erhaltungssatz[32]. *Wird der algebraische Komplex C^n in den aus dem einzigen Simplex $|x^n|$ bestehenden Komplex simplizial abgebildet und ist dabei $f(\dot{C}^n) = \dot{x}^n$* (wobei x^n eine gewisse Orientierung des Simplexes $|x^n|$ ist), *so gilt*

$$f(C^n) = \dot{x}^n.$$

Denn es ist einerseits notwendig $f(C^n) = t x^n$ (wobei t eine ganze Zahl ist, die a priori auch Null sein könnte), während andererseits nach Voraussetzung $f(\dot{C}^n) = \dot{x}^n$ und nach dem 1. Erhaltungssatz $f(\dot{C}^n) = t \dot{x}^n$ ist; es muß also $t = 1$ sein, w. z. b. w.

Als unmittelbare Anwendung des 2. Erhaltungssatzes beweisen wir folgende merkwürdige Tatsache:

3. Erhaltungssatz. *Es seien C^n ein beliebiger* (algebraischer) *Komplex, C_1^n eine Unterteilung von C^n. Jedem Eckpunkt a von C_1^n lassen wir einen ganz beliebigen Eckpunkt $f(a)$ desjenigen Simplexes von C^n entsprechen, welches den Punkt a in seinem Innern enthält*[33]; *bei der auf diese Weise entstehenden simplizialen Abbildung f des Komplexes C_1^n gilt:*

$$f(C_1^n) = C^n.$$

Beweis. Für $n = 0$ ist der Satz trivialerweise richtig. Wir nehmen an, er sei für alle $n - 1$-dimensionalen Komplexe bewiesen und betrachten einen n-dimensionalen Komplex C^n. Es sei x_i^n ein Simplex von $C^n = \sum_i t^i x_i^n$, X_i^n die Unterteilung von x_i^n, welche durch C_1^n gegeben wird. Die Abbildung f des Randes von X_i^n erfüllt offenbar die Voraussetzungen unseres Satzes, so daß (wegen seiner für $n - 1$ vorausgesetzten Richtigkeit) $f(\dot{X}_i^n) = \dot{x}_i^n$, also nach dem 2. Erhaltungssatz $f(X_i^n) = x_i^n$ ist. Summiert man das über alle Simplexe x_i^n, so wird

$$f(C_1^n) = f\left(\sum_i t^i X_i^n\right) = \sum_i t^i x_i^n = C^n,$$

w. z. b. w.

---

[32] Vgl. ALEXANDER, Combinatorial Analysis Situs. Trans. Amer. Soc. Bd. 28 (1926) S. 328. — HOPF, Nachr. d. Ges. d. Wiss. Gttg. 1928 S. 134.

[33] Ist insbesondere a nicht nur Eckpunkt von C_1^n, sondern auch Eckpunkt von C^n, so soll unsere Bedingung bedeuten, daß $f(a) = a$ ist.

Bemerkung. *Alle drei Erhaltungssätze und ihre vorstehenden Beweise gelten natürlich auch modulo 2 und ergeben dann Aussagen, die sich auf geometrische Komplexe beziehen*[34]. Es wird dem Leser empfohlen, sich Beispiele zurechtzumachen — es genügt für C^n ein Dreieck, für C_1^n irgendeine Unterteilung desselben zu wählen.

29. Wir wenden den 3. Erhaltungssatz zum Beweis des bereits in 1 erwähnten Pflastersatzes an, formulieren ihn aber jetzt nicht für einen Würfel, sondern für ein Simplex:

Jede ε-Überdeckung[35] *eines n-dimensionalen Simplexes hat bei hinreichend kleinem ε eine Ordnung $\geq n + 1$.*

Wir wählen zunächst ε so klein, daß es keine Menge von einem Durchmesser $< \varepsilon$ gibt, die mit allen $n-1$-dimensionalen Seiten von $|x^n|$ Punkte gemeinsam hat. Es folgt daraus insbesondere, daß keine Menge von einem Durchmesser $< \varepsilon$ gleichzeitig einen Eckpunkt a_i von $|x^n|$ und einen Punkt der Gegenseite $|x_i^{n-1}|$ des Eckpunktes a_i enthalten kann. Nun sei

(1) $$F_0, F_1, \ldots, F_s$$

eine ε-Überdeckung von $|x^n|$. Wir nehmen an, daß der Eckpunkt a_i, $i = 0, 1, \ldots, n$, in F_i liegt[36]. Falls es mehr als $n+1$ Mengen F_i gibt, so betrachten wir eine Menge F_j, $j < n$ und verfahren folgendermaßen: wir suchen eine Seite $|x_i^{n-1}|$ von $|x^n|$, zu der F_j fremd ist (eine solche gibt es, wie wir gesehen haben, bestimmt), streichen in (1) die Menge F_j und ersetzen F_i durch $F_i + F_j$, welch letztere Menge wir wiederum durch F_i bezeichnen. Dadurch wird die Anzahl der Mengen (1) um 1 vermindert, ohne daß dabei die Ordnung des Mengensystems (1) erhöht, und die Bedingung, keine unter den Mengen F_i enthalte gleichzeitig einen Eckpunkt und einen Punkt der diesem Eckpunkt gegenüberliegenden Seite, verletzt wird. Durch endliche Wiederholung dieses Verfahrens erhalten wir schließlich ein System von Mengen

(2) $$F_0, F_1, \ldots, F_n,$$

die der Reihe nach die Eckpunkte $a_0, a_1, \ldots, a_n$ von $|x^n|$ enthalten und die Eigenschaft haben, daß keine von ihnen gleichzeitig einen Eckpunkt a_i und einen Punkt von $|x_i^{n-1}|$ enthält. Ferner ist die Ordnung

---

[34] Sie gelten ganz allgemein für einen beliebigen Koeffizientenbereich.

[35] Unter einer *ε-Überdeckung* einer abgeschlossenen Menge F versteht man ein endliches System $F_1, F_2, \ldots, F_s$ von abgeschlossenen Teilmengen von F, welche als Vereinigungsmenge die Menge F ergeben und ihrem Durchmesser nach $<\varepsilon$ sind. Die Ordnung einer Überdeckung (allgemeiner: eines beliebigen endlichen Systems von Punktmengen) ist die größte Zahl k von der Eigenschaft, daß es k Mengen des Systems gibt, welche mindestens einen gemeinsamen Punkt haben.

[36] Zwei verschiedene Eckpunkte können nach unserer Voraussetzung nicht zu derselben Menge F_i gehören, ein Eckpunkt a_i kann aber, außer in F_i, auch noch in anderen Elementen unserer Überdeckung enthalten sein.

von (2) höchstens gleich der Ordnung von (1). Es genügt also zu beweisen, daß die Ordnung von (2) gleich $n+1$ ist, d. h., daß es einen Punkt von $|x^n|$ gibt, welcher zu allen Mengen (2) gehört. Wie eine ganz elementare Konvergenzbetrachtung lehrt, wird letzteres Ziel erreicht sein, wenn wir zeigen, daß es in jeder noch so feinen Unterteilung $|X^n|$ von $|x^n|$ notwendig ein Simplex $|y^n|$ gibt, welches mit allen Mengen $F_0, F_1, \ldots, F_n$ gemeinsame Punkte besitzt.

Es sei b ein beliebiger Eckpunkt von $|X^n|$; er gehört zu mindestens einer unter den Mengen F_i; gehört er zu mehreren, so wählen wir eine bestimmte unter ihnen — etwa diejenige, die den kleinsten Index hat. Es sei dies F_i; sodann definieren wir $f(b) = a_i$. Auf diese Weise entsteht eine simpliziale Abbildung f von $|X^n|$; ich behaupte, daß sie den Bedingungen des 3. Erhaltungssatzes genügt[37]; liegt in der Tat b im Innern der Seite $|x^r|$ von $|x^n|$, so muß $f(b)$ Eckpunkt von $|x^r|$ sein, denn sonst wäre das ganze Simplex $|x^r|$, also erst recht der Punkt b, auf der dem Eckpunkt $a_i = f(b)$ gegenüberliegenden Seite $|x_i^{n-1}|$ von $|x^n|$ gelegen, der Punkt b könnte also nicht zu F_i gehören. Da nach dem (modulo 2 verstandenen) 3. Erhaltungssatz $|x^n| = f(|X^n|)$ ist, so muß es unter den Simplexen von $|X^n|$ mindestens eins geben, welches mittels f auf $|x^n|$ (und nicht auf Null)[37] abgebildet wird; die Eckpunkte dieses Simplexes müssen der Reihe nach in $F_0, F_1, \ldots, F_n$ liegen, w. z. b. w.[38]

30. Ist F eine abgeschlossene Menge, so heißt die kleinste Zahl r von der Eigenschaft, daß F zu jedem $\varepsilon > 0$ ε-Überdeckungen von der Ordnung $r+1$ besitzt, die *allgemeine* oder BROUWERsche *Dimension* der Menge F. Sie wird mit $\dim F$ bezeichnet. Ist F' eine Teilmenge von F, so ist offenbar $\dim F' \leq \dim F$. Man überzeugt sich ohne Mühe, daß zwei homöomorphe Mengen F_1 und F_2 die gleiche BROUWERsche Dimension haben.

Um diese Definition der allgemeinen Dimension zu rechtfertigen, muß man jedenfalls beweisen, daß für ein (im elementaren Sinne) r-dimensionales Polyeder P auch $\dim P = r$ ist; *dadurch wäre auch die Invarianz der Dimensionszahl bewiesen*. Nun folgt aus dem Pflastersatz zunächst, daß für ein r-dimensionales Simplex und folglich auch für jedes r-dimensionale Polyeder P notwendig $\dim P \geq r$ ist. Um die umgekehrte Ungleichung zu beweisen, haben wir nur bei jedem $\varepsilon > 0$ für P eine ε-Überdeckung von der Ordnung $r+1$ zu konstruieren. Dies wird durch die sog. *baryzentrischen Überdeckungen* des Polyeders geliefert.

---

[37] Wir betrachten $|x^n|$ als einen *algebraischen Komplex modulo 2*, so daß die Fußnoten [28] und [30] gelten.

[38] Der obige Beweis des Pflastersatzes rührt im wesentlichen von SPERNER her; seine hier gegebene Anordnung wurde mir von Herrn HOPF mitgeteilt. Wir haben die Überlegung modulo 2 geführt, weil der Satz an sich keinerlei Orientierungsvorschriften voraussetzt. Wörtlich derselbe Beweis gilt auch im Sinne der orientierten Theorie (überhaupt in bezug auf jeden Koeffizientenbereich).

31. Zunächst führen wir die *baryzentrischen Unterteilungen* eines n-dimensionalen Komplexes K^n ein. Ist $n = 1$, so besteht die baryzentrische Unterteilung von K^1 in der Halbierung sämtlicher Strecken, aus denen K^1 besteht. Ist $n = 2$, so besteht die baryzentrische Unterteilung darin, daß man jedes Dreieck von K^2 in sechs Dreiecke dadurch zerlegt, daß man seine drei Medianen zieht: Abb. 19. Man nehme an, daß die baryzentrische Unterteilung für alle r-dimensionalen Komplexe bereits definiert ist und definiere sie für einen $r + 1$-dimensionalen Komplex K dadurch, daß man den aus allen r-dimensionalen Simplexen von K bestehenden Komplex K' baryzentrisch unterteilt und die dadurch gewonnene Unterteilung des Randes eines jeden $r + 1$-dimensionalen Simplexes von K aus dem Schwerpunkt dieses Simplexes projiziert. Man überzeugt sich leicht durch Induktion, daß

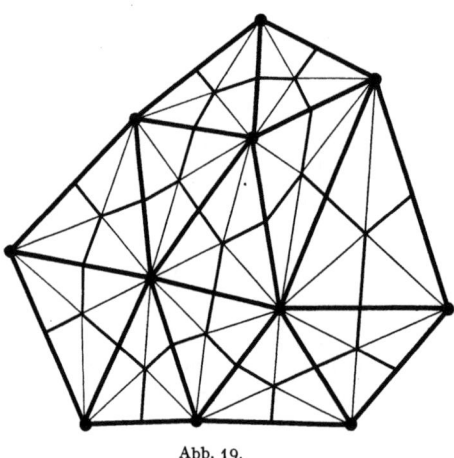
Abb. 19.

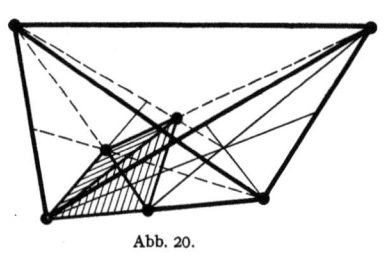
Abb. 20.

1. jedes n-dimensionale Simplex baryzentrisch in $(n + 1)!$ Simplexe untergeteilt wird;

2. unter den $n + 1$ Eckpunkten eines n-dimensionalen Simplexes $|y^n|$ der baryzentrischen Unterteilung K_1 von K:

ein Eckpunkt zugleich Eckpunkt von K ist (dieser Eckpunkt heißt der „führende" Eckpunkt von $|y^n|$);

ein Eckpunkt der Schwerpunkt einer Kante $|x^1|$ von K ist (welche den führenden Eckpunkt von $|y^n|$ als einen Endpunkt besitzt);

ein Eckpunkt der Schwerpunkt eines Dreiecks $|x^n|$ von K ist (welcher an die Kante $|x^1|$ anschließt);

. . . .

ein Eckpunkt der Schwerpunkt eines n-dimensionalen Simplexes $|x^n|$ von K ist (welches die früher konstruierten $|x^1|, |x^2|, \ldots, |x^{n-1}|$ unter seinen Seiten zählt). Siehe Abb. 20.

32. Man versteht unter einem *baryzentrischen Stern* von K die Vereinigungsmenge aller Simplexe der baryzentrischen Unterteilung K_1 von K, welche einen festen Eckpunkt a von K als ihren gemeinsamen (führenden) Eckpunkt besitzen (vgl. Abb. 19). Der Eckpunkt a heißt der *Mittelpunkt* des Sternes.

Man beweist leicht, daß ein Punkt eines Simplexes $|x|$ von K nur zu baryzentrischen Sternen gehören kann, deren Mittelpunkte Eckpunkte des Simplexes $|x|$ sind. Hieraus folgt:

a) Haben gewisse baryzentrische Sterne $B_1, B_2, \ldots, B_s$ einen gemeinsamen Punkt p, so sind ihre Mittelpunkte Eckpunkte eines und desselben Simplexes von K (nämlich desjenigen Simplexes, welches den Punkt p im Innern enthält).

b) Es gibt eine positive Zahl $\varepsilon = \varepsilon(K)$ von der Eigenschaft, daß alle Punkte des Polyeders P (dessen Simplexzerlegung K ist), welche um weniger als ε von einem Simplex x von K entfernt sind, nur zu baryzentrischen Sternen gehören können, die ihre Mittelpunkte in den Eckpunkten von x haben. (Das folgt einfach daraus, daß alle anderen Sterne zu x fremd sind und folglich von diesem Simplex einen positiven Abstand haben.)

Die letzte dieser beiden Eigenschaften werden wir erst später benutzen; was aber die Eigenschaft a) betrifft, so gilt auch ihre Umkehrung: liegen die Mittelpunkte der baryzentrischen Sterne $B_1, B_2, \ldots B_s$ in den Eckpunkten eines und desselben Simplexes x von K, so haben sie einen gemeinsamen Punkt (nämlich den Schwerpunkt des Simplex x). Wir können somit folgenden Satz aussprechen:

Beliebig gewählte baryzentrische Sterne des Komplexes K haben dann und nur dann einen nicht leeren Durchschnitt, wenn ihre Mittelpunkte Eckpunkte eines Simplexes von K sind.

In der letzten Behauptung ist insbesondere enthalten:

Das System aller baryzentrischen Sterne eines n-dimensionalen Komplexes hat die Ordnung $n + 1$.

Wählt man die Simplexzerlegung K des n-dimensionalen Polyeders P hinreichend fein, so kann man erreichen, daß die baryzentrischen Sterne von K sämtlich von Durchmessern $< \varepsilon$ sind: sie liefern sodann eine ε-Überdeckung von P von der Ordnung $n + 1$, w. z. b. w. Das Übereinstimmen der BROUWERschen allgemeinen Dimension mit der elementargeometrischen Dimensionszahl eines Polyeders, sowie die Invarianz der Dimensionszahl sind hiermit vollständig bewiesen.

33. *Bemerkung I.* Wenn ein endliches Mengensystem

(3) $$F_1, F_2, \ldots, F_s$$

und das System der Eckpunkte

$$a_1, a_2, \ldots, a_s$$

eines Komplexes K zueinander in der Beziehung stehen, daß die Mengen $F_{i_0}, F_{i_1}, \ldots, F_{i_r}$ dann und nur dann einen nicht leeren Durchschnitt haben, wenn die Eckpunkte $a_{i_0}, a_{i_1}, \ldots, a_{i_r}$ zu einem Simplex von K gehören, so heißt der Komplex K ein *Nerv* des Mengensystems (3). Sodann kann man den Satz der vorigen Nummer auch so formulieren: *jeder Komplex K ist ein Nerv des Systems seiner baryzentrischen Sterne.*

34. *Bemerkung II.* Die vorige Bemerkung führt uns zu dem Punkt, wo der Begriff eines Komplexes seine letzte logische Schärfe und Allgemeinheit bekommt: gerade das Beispiel eines Nerven eines Mengensystems lehrt, daß der begriffliche Inhalt, den wir mit dem Wort „Komplex" verbinden, öfters von der „geometrischen Materie", mit der unser Begriff operiert, im hohen Maße unabhängig ist: ein Komplex, als Nerv eines Mengensystems (z. B. des Systems seiner eigenen baryzentrischen Sterne) betrachtet, ist vor allem ein abstraktes Schema, welches uns über den kombinatorischen Bau des Mengensystems Auskunft gibt. *Wie* dabei seine Simplexe aussehen — sind sie „gerade" oder „krumm" —, ist uns völlig gleichgültig, ebenso wie die Natur seiner Eckpunkte: das einzige, worauf es uns ankommt, ist die Struktur des Eckpunktnetzes, des Komplexes, d. h. die Art, in der das System aller Eckpunkte des Komplexes in die Eckpunktgerüste der einzelnen Simplexe zerfällt [39].

Will man also die Definition des *abstrakten* geometrischen Komplexes haben, so beginnt man am zweckmäßigsten mit einer Menge E von (beliebigen) Gegenständen, welche *Eckpunkte* heißen; die Menge E nennen wir einen *Eckpunktbereich*. In E sollen ferner gewisse endliche Teilmengen ausgezeichnet sein, welche *Gerüste* heißen; dabei sollen folgende beide Bedingungen erfüllt sein:

1. Jeder einzelne Eckpunkt ist ein Gerüst.
2. Jede Teilmenge eines Gerüstes ist ein Gerüst.

Die um 1 verminderte Anzahl der Eckpunkte eines Gerüstes soll seine *Dimensionszahl* heißen.

Wir nehmen schließlich an, daß jedem Gerüst ein neuer Gegenstand — *das vom Gerüst aufgespannte Simplex* — zugeordnet ist; wir machen dabei keinerlei Voraussetzungen über die Natur dieses Gegenstandes, es kommt uns nur auf die Gegebenheit des Gesetzes an, durch welches jedem Gerüst ein *einziges Simplex* zugeordnet ist. Die Dimensionszahl des Gerüstes heißt die *Dimensionszahl des Simplexes*; die von den Teilgerüsten des gegebenen Simplexes x^n aufgespannten Simplexe heißen die Seiten von x^n. Ein *endliches System von Simplexen heißt ein abstrakter geometrischer Komplex* des gegebenen Eckpunktbereiches.

---

[39] Dieser allgemeine Standpunkt wurde mit voller Klarheit zum erstenmal in den Arbeiten des Verfassers: „Zur Begründung der n-dimensionalen Topologie" [Math. Ann. Bd. 94 (1925) S. 296–308] und „Simpliziale Approximationen in der allgemeinen Topologie" [Math. Ann. Bd. 96 (1926) S. 489–511 — vgl. auch die Berichtigung dazu in Bd. 101 (1929) S. 452–456] formuliert.

Ferner führt man den Begriff der Orientierung genau so ein, wie wir es früher getan haben. Ist das geschehen, so ergeben sich zwangsmäßig die Begriffe eines *abstrakten algebraischen Komplexes in bezug auf einen bestimmten Koeffizientenbereich* [40].

Dadurch, daß man den Begriff des Komplexes abstrakt faßt, wird seine Tragweite ganz wesentlich vergrößert. Solange man bei der elementargeometrischen Auffassung eines Komplexes als einer Simplexzerlegung eines Polyeders bleibt, kann man sich vom Eindruck eines gewissen Zufalls, der mit der Wahl eben dieses Begriffes, als *des* Grundbegriffes der Topologie verbunden ist, nicht befreien: warum müssen gerade die Simplizialzerlegungen der Polyeder den Mittelpunkt der ganzen Topologie bilden? Diese Skepsis zu beseitigen, hilft die abstrakte Auffassung des Komplexes als eines finiten Schemas, welches a priori zur Beschreibung verschiedener Vorgänge (so z. B. der Struktur eines endlichen Mengensystems) geeignet ist. Dabei spielen gerade die als Nerven endlicher Mengensysteme definierten abstrakten Komplexe eine entscheidende Rolle: es zeigt sich nämlich, daß die topologische Untersuchung *einer beliebigen* abgeschlossenen Menge, also der denkbar allgemeinsten geometrischen Figur, sich prinzipiell *im vollen Maße* zurückführen läßt auf die Untersuchung einer Folge von Komplexen

(1) $\qquad\qquad K_1^n, K_2^n, \ldots, K_h^n, \ldots$

(n ist die Dimension der Menge), die miteinander durch gewisse simpliziale Abbildungen verknüpft sind. Genauer ausgedrückt: zu jeder abgeschlossenen Menge läßt sich eine Folge von Komplexen (1) und von simplizialen Abbildungen f_h von K_{h+1} in K_h ($h = 1, 2, \ldots$), konstruieren (die noch gewissen Nebenbedingungen genügen, auf die es im Augenblick nicht ankommt). Eine solche Folge von Komplexen und simplizialen Abbildungen heißt ein *Projektionsspektrum*. Umgekehrt *definiert auf eine bestimmte Weise, die wir hier nicht auseinandersetzen können, jedes Projektionsspektrum* eine eindeutig bestimmte Klasse untereinander homöomorpher abgeschlossener Mengen und es lassen sich genaue Bedingungen aufstellen, die notwendig und hinreichend sind, damit zwei verschiedene Projektionsspektra homöomorphe Mengen definieren. Mit anderen Worten: *die Gesamtheit aller Projektionsspektra zerfällt in Klassen, zu deren Definition nur die Begriffe „Komplex-" und „simpliziale Abbildung" erforderlich sind und die den Klassen untereinander homöomorpher abgeschlossener Mengen eineindeutig entsprechen.* Es ergibt sich dabei, daß die Elemente eines Projektionsspektrums nichts anderes als Nerven immer feiner werdenden Überdeckungen der gegebenen abgeschlossenen

---

[40] *Der allgemeine Begriff des algebraischen Komplexes entsteht also durch Zusammenbringen zweier verschiedenartiger Begriffsbildungen: des Eckpunkt- und des Koeffizientenbereiches.* Ein algebraischer Komplex ist schließlich nichts anderes als eine Vorschrift, die jedem Simplex eines gegebenen Eckpunktbereiches ein bestimmtes Element eines festgewählten Koeffizientenbereiches zuordnet.

Menge sind. Diese Nerven dürfen *als approximierende Komplexe für die abgeschlossene Menge betrachtet werden*[40a].

35. Wir gehen jetzt zu einer kurzen Übersicht des Beweises der Invarianz der BETTIschen Zahlen eines Komplexes in dem am Schluß von **25** präzisierten Sinne über. Da wir hier nur das Prinzipielle an diesem Beweis hervorheben wollen, verzichten wir auf den Beweis der Tatsache, das ein geometrischer Komplex[41] dieselben BETTIschen Zahlen wie eine beliebige seiner Unterteilungen hat[42]. Sodann beginnen wir den Beweis mit folgendem fundamentalen Hilfssatz:

LEBESGUE*sches Lemma.* Zu jeder Überdeckung

(1) $$S = (F_1, F_2, \ldots, F_s)$$

der abgeschlossenen Menge F gibt es eine Zahl $\sigma = \sigma(S)$ — die LEBESGUE*sche Zahl der Überdeckung* S — von folgender Eigenschaft: Gibt es einen Punkt a, der von gewissen Elementen der Überdeckung S — etwa von $F_{i_1}, F_{i_2}, \ldots, F_{i_k}$ — eine Entfernung $< \sigma$ hat, so haben die Mengen $F_{i_1}, F_{i_2}, \ldots, F_{i_k}$ einen nicht leeren Durchschnitt.

Beweis. Wir nehmen an, die Behauptung sei falsch. Es gibt dann eine Folge von Punkten

(2) $$a_1, a_2, \ldots, a_m, \ldots$$

und von Teilsystemen

(3) $$S_1, S_2, \ldots, S_m, \ldots$$

des Mengensystems S derart, daß a_m von allen Mengen des Systems S_m eine Entfernung $< 1/m$ hat, während der Durchschnitt der Mengen des Systems S_m leer ist. Da es nur endlichviele verschiedene Teilsysteme des endlichen Mengensystems S gibt, hat man insbesondere auch unter den S nur endlichviele untereinander verschiedene Mengensysteme, so daß mindestens eins unter ihnen — etwa S_1 — in der Folge (3) unendlichoft auftritt. Nachdem wir nötigenfalls (2) durch eine Teilfolge ersetzen, stehen wir also vor folgendem Sachverhalt: es gibt ein festes Teilsystem

$$S_1 = (F_{i_1}, F_{i_2}, \ldots, F_{i_k})$$

von S und eine konvergente Punktfolge

(4) $$a_1, a_2, \ldots, a_m, \ldots$$

von der Eigenschaft, daß die Mengen F_{i_h}, $h = 1, 2, \ldots, k$, einen leeren Durchschnitt haben, während andererseits die Entfernung von a_m bis zu jedem F_{i_h} kleiner als $1/m$ ist; dies ist jedoch unmöglich, denn der

---

[40a] Vgl. hierüber P. ALEXANDROFF, Gestalt u. Lage abgeschlossener Mengen. Ann. of Math. Bd. 30 (1928) S. 101—187.

[41] Es handelt sich hier bis auf Widerrufung wieder nur um gewöhnliche geometrische Komplexe, d. h. um Simplexzerlegungen von (evtl. krummen) Polyedern eines Koordinatenraumes.

[42] Vgl. hierzu etwa ALEXANDER, Combinatorial Analysis Situs. Trans. Amer. Math. Soc. Bd. 28 (1926) S. 301—329.

Limespunkt a_ω der konvergenten Folge (4) müßte unter diesen Umständen zu allen Mengen des Systems S_i gehören.

36. Als zweiten Hilfssatz benutzen wir folgende leichte Überlegung. P sei ein Polyeder, K eine Simplexzerlegung von P, K_1 eine Unterteilung von K. Lassen wir jedem Eckpunkt b von K_1 den Mittelpunkt eines baryzentrischen Sternes von K entsprechen, welcher b enthält, so wird (nach der am Anfang der Nr. **32** gemachten Bemerkung) der Eckpunkt b auf einen Eckpunkt des den Punkt b tragenden Simplexes von K abgebildet, so daß eine simpliziale Abbildung f von K_1 in K entsteht. Die Abbildung f — der wir den Namen einer *kanonischen Verschiebung von K_1 in bezug auf K geben* — genügt somit der Voraussetzung des 3. Erhaltungssatzes und ergibt als Bild des Komplexes K_1 den ganzen Komplex K[43].

Derselbe Schluß bleibt auch bestehen, wenn wir anstatt f die folgende *modifizierte* kanonische Verschiebung f' betrachten: sie entsteht dadurch, daß wir den Eckpunkt b zuerst *ein wenig* — und zwar weniger als um $\varepsilon = \varepsilon(K)$ — [vgl. die Behauptung b) in **32**] verschieben und den Mittelpunkt eines baryzentrischen Sternes, in den er infolge seiner Verschiebung gelangt ist, als den Bildpunkt $f'(b)$ definieren; aus der schon erwähnten Behauptung b) folgt unmittelbar, daß auch für die Abbildung f' die Voraussetzung des 3. Erhaltungssatzes erfüllt und folglich $f'(K_1) = K$ ist[44].

37. Nachdem wir den Begriff der kanonischen Verschiebung (und den der modifizierten kanonischen Verschiebung) für jede Unterteilung des Komplexes K erklärt haben, führen wir denselben Begriff für *jede hinreichend feine* (krumme) Simplexzerlegung Q des Polyeders P ein, wobei jetzt Q von der Simplexzerlegung K *unabhängig ist* bis auf die einzige Bedingung, daß die Elemente von Q ihrem Durchmesser nach kleiner als die LEBESGUEsche Zahl der zu K gehörenden baryzentrischen Überdeckung des Polyeders P sein sollen. Es handelt sich um folgende Abbildung des Komplexes Q in den Komplex K: jedem Eckpunkt b von Q ordnen wir den Mittelpunkt eines derjenigen baryzentrischen Sterne von K zu, welche den Punkt b enthalten. Die baryzentrischen Sterne, die die verschiedenen Eckpunkte eines Simplexes y von Q enthalten, sind *alle* von einem beliebig gewählten Eckpunkt des Simplexes y weniger als um den Durchmesser von y entfernt; da dieser Durchmesser kleiner als die LEBESGUEsche Zahl der baryzentrischen Überdeckung ist, haben die erwähnten Sterne einen nicht leeren Durchschnitt, *ihre Mittelpunkte sind also Eckpunkte eines Simplexes von K*. Unsere Eckpunktzuordnung

---

[43] Die analoge Behauptung gilt auch in bezug auf jeden algebraischen Teilkomplex von K_1 bzw. K; ist C ein algebraischer Teilkomplex von K, C_1 seine durch K_1 hervorgerufene Unterteilung, so sind die Bedingungen des 3. Erhaltungssatzes wieder erfüllt und wir haben $f(C_1) = C$.

[44] bzw. $f'(C_1) = C$ (vgl. die vorige Fußnote).

definiert also tatsächlich eine simpliziale Abbildung g von Q in K; diese Abbildung g nennen wir eine *kanonische Verschiebung* von Q in bezug auf K.

38. Jetzt sind wir im Besitze aller Hilfsmittel, die zu einem ganz kurzen Beweise des Invarianzsatzes für die BETTIschen Zahlen erforderlich sind. P und P' seien zwei homöomorphe Polyeder, K und K' beliebige Simplexzerlegungen derselben. Wir wollen zeigen, daß die r-dimensionale BETTIsche Zahl p von K der r-dimensionalen BETTIschen Zahl p' von K' gleich ist. Aus Symmetriegründen genügt es zu beweisen, daß $p' \geq p$ ist.

Zu diesem Zweck bemerken wir vorerst, daß bei einer topologischen Abbildung t von P' auf P der Komplex K' und jede Unterteilung K'_1 von K in krumme Simplexzerlegungen des Polyeders P übergehen. Bezeichnen wir für einen Augenblick mit σ eine positive Zahl, die kleiner als die LEBESGUEsche Zahl der baryzentrischen Überdeckung von K und als die in **32** definierte Zahl $\varepsilon(K)$ ist, so kann man die Unterteilung K'_1 von K' so fein wählen, daß bei der Abbildung t die Simplexe und die baryzentrischen Sterne von K'_1 in Punktmengen übergehen, die ihrem Durchmesser nach kleiner als σ sind. Diese Punktmengen bilden die (krummen) Simplexe bzw. die baryzentrischen Sterne der Simplexzerlegung Q von P, in die mittels t der Komplex K'_1 übergeht. Es sei jetzt K_1 eine so feine Unterteilung von K, daß die Simplexe von K_1 kleiner als die LEBESGUEsche Zahl der baryzentrischen Überdeckung von Q sind. Es gibt sodann (nach **37**) eine kanonische Verschiebung g von K_1 in bezug auf Q; es sei ferner f eine kanonische Verschiebung von Q in bezug auf K (eine solche gibt es, denn die Simplexe von Q sind kleiner als die LEBESGUEsche Zahl der baryzentrischen Überdeckung von K). Da mittels g jeder Eckpunkt von K_1 in den Mittelpunkt eines ihn enthaltenden baryzentrischen Sternes von Q, also *weniger als um* $\varepsilon(K)$, verschoben wird, bildet die simpliziale Abbildung $f(g(K_1))$ — wir schreiben kurz $fg(K_1)$ — des Komplexes K_1 in den Komplex K eine modifizierte kanonische Verschiebung von K_1 in bezug auf K, bei der laut **36**

$$fg(K_1) = K$$

ist. Ist ferner C ein algebraischer Teilkomplex von K und C_1 seine Unterteilung in K_1, so gilt (wegen Anm. 44)

$$fg(C_1) = C.$$

39. Es seien nun

$$Z_1, Z_2, \ldots, Z_p$$

p (im Sinne der Homologie) linear-unabhängige r-dimensionale Zyklen in K,

$$z_1, z_2, \ldots, z_p$$

ihre Unterteilungen in K_1. Die Zyklen

$$g(z_1), g(z_2), \ldots, g(z_p)$$

sind in Q unabhängig, denn ist U ein durch eine Linearkombination $\sum_i c^i g(z_i)$ berandeter Teilkomplex von Q, so wird $f(U)$ durch $\sum_i c^i f g(z_i)$, d. h. durch $\sum c^i Z_i$ berandet, was wegen der vorausgesetzten Unabhängigkeit der Z_i in K das Verschwinden sämtlicher Koeffizienten c^i zur Folge hat.

Bei der topologischen Abbildung t gehen die linear-unabhängigen Zyklen $g(z_i)$ des Komplexes Q in ebensolche Zyklen des Komplexes K'_1 über (beide Komplexe haben ja denselben kombinatorischen Aufbau), so daß es in K'_1 mindestens p linear-unabhängige r-dimensionale Zyklen gibt. Da wir die Gleichheit der BETTIschen Zahlen von K' und K'_1 als bekannt angenommen haben, folgt daraus, daß $p' \geq p$ ist, w. z. b. w.

Mit Hilfe derselben Methode (und nur ein wenig komplizierterer Überlegungen) könnte man auch die Isomorphie der BETTIschen Gruppen von K und K' beweisen.

40. Der Beweis des Satzes von der Invarianz der BETTIschen Zahlen, den wir im Anschluß an ALEXANDER und HOPF soeben gegeben haben, ist eine Anwendung der allgemeinen Methode der *Approximation stetiger Abbildungen von Polyedern durch simpliziale Abbildungen*. Wir wollen über diese Methode hier noch ein paar Worte sagen. Es sei f eine stetige Abbildung eines Polyeders P' in ein Polyeder P''; die Komplexe K' und K'' seien Simplexzerlegungen der Polyeder P' bzw. P''. Wir denken uns eine so feine Unterteilung K''_1 von K'', daß die Simplexe und die baryzentrischen Sterne von K''_1 kleiner als eine vorgeschriebene Zahl ε sind; sodann wählen wir die Zahl δ so klein, daß zwei beliebige Punkte von P', die voneinander weniger als um δ entfernt sind, vermöge f in Punkte von P'' übergehen, deren Entfernung kleiner als die LEBESGUEsche Zahl der baryzentrischen Überdeckung von K''_1 ist. Jetzt betrachten wir eine Unterteilung K'_1 von K', deren Simplexe kleiner als δ sind. Die Bilder der Eckpunktgerüste von K'_1 haben einen Durchmesser $< \sigma$ und ihre Gesamtheit kann als ein abstrakter Komplex Q betrachtet werden; wegen der Kleinheit der Simplexe von Q kann man auf diesen Komplex das Verfahren von **37** anwenden, d. h. ihn mittels einer kanonischen Verschiebung g in den Komplex K''_1 abbilden. Der Übergang von K'_1 zu Q und der von Q zu $g(Q)$ ergeben zusammen eine simpliziale Abbildung f_1 von K'_1 in K''_1; diese Abbildung (als Abbildung von P' in P'' betrachtet) unterscheidet sich von f weniger als um ε (d. h. bei jeder Wahl des Punktes a von P' ist der Abstand zwischen den Punkten $f(a)$ und $f_1(a)$ kleiner als ε). *Die Abbildung f_1 heißt eine simpliziale Approximation der stetigen Abbildung f* (und zwar eine solche von *der Güte ε*).

Mittels der Abbildung f_1 entspricht jedem Zyklus z von K' (den man in seiner durch K'_1 gelieferten Unterteilung zu betrachten hat) ein Zyklus $f_1(z)$ von K''_1; man überlegt sich mühelos, daß dabei aus $z_1 \sim z_2$

in K' die Homologie $f_1(z_1) \sim f_1(z_2)$ in K_1'' folgt, so daß einer Klasse von untereinander homologen Zyklen von K' eine Klasse von untereinander homologen Zyklen von K_1'' entspricht. Mit anderen Worten: es liegt eine Abbildung der BETTIschen Gruppen von K' in die entsprechenden BETTIschen Gruppen von K_1'' vor; da diese Abbildung die Gruppenoperation (die Addition) erhält, ist sie ein sog. Homomorphismus. Nun besteht aber zwischen den BETTIschen Gruppen von K_1'' und K'' ein eindeutig bestimmter Isomorphismus[45], so daß wir eine homomorphe Abbildung der BETTIschen Gruppen von K' in die entsprechenden Gruppen von K'' vor uns haben.

Es gilt also folgender (zuerst von HOPF formulierter) fundamentaler Satz:

Eine stetige Abbildung f eines Polyeders P' in ein Polyeder P'' erzeugt eine eindeutig bestimmte homomorphe Abbildung sämtlicher BETTIschen Gruppen der Simplexzerlegung K' von P' in die entsprechenden Gruppen der Simplexzerlegung K'' von P''[46].

Ist die stetige Abbildung f eineindeutig (also topologisch), so erzeugt sie eine isomorphe Abbildung der BETTIschen Gruppen von P' auf die entsprechenden BETTIschen Gruppen von P''[47].

Durch diesen Satz wird ein gutes Stück der topologischen Theorie der stetigen Abbildungen von Polyedern (insbesondere von Mannigfaltigkeiten) auf die Untersuchung des durch die Abbildung erzeugten Homomorphismus, also auf Betrachtungen rein algebraischer Natur zurückgeführt. Insbesondere gelangt man dadurch zu weitgehenden Resultaten bezüglich der Fixpunkte, die bei einer stetigen Abbildung eines Polyeders auf sich auftreten[48].

41. Die Betrachtungen über topologische Invarianzsätze schließen wir mit einigen Bemerkungen über den allgemeinen Dimensionsbegriff, die durchaus zu dem Ideenkreis der obigen Invarianzbeweise gehören.

---

[45] Welcher durch die kanonischen Verschiebungen von K_1'' in bezug auf K'' vermittelt wird.

[46] Wegen des Isomorphismus zwischen den gleichdimensionalen BETTIschen Gruppen verschiedener Simplexzerlegungen eines Polyeders könnte man übrigens schlechtweg von den BETTIschen Gruppen von P' bzw. P'' sprechen.

[47] Auf den Beweis der letzten Behauptung muß hier verzichtet werden; unsere bisherigen Überlegungen enthalten übrigens alle Elemente des Beweises; seine Durchführung dürfte somit dem Leser überlassen werden. Der Leser beachte jedoch, daß eine beliebig gute simpliziale Approximation einer topologischen Abbildung durchaus keine eineindeutige Abbildung zu sein braucht!

[48] Ich meine dabei vor allem die LEFSCHETZ-HOPFsche Fixpunktformel, welche die sog. *algebraische* Anzahl der Fixpunkte (bei der jeder Fixpunkt mit einer bestimmten Multiplizität, die sowohl positiv als auch negativ bzw. Null sein kann, zu zählen ist) vollkommen bestimmt (und zwar durch algebraische Invarianten des obigen Homomorphismus ausdrückt). Vgl. hierzu HOPF, Nachr. Ges. Wiss. Göttingen (1928) S. 127–136, und Math. Z. Bd. 29 (1929) S. 493–525.

Durch unsere bisherigen Überlegungen ist zunächst folgende Definition schon längst vorbereitet.

Eine stetige Abbildung f einer abgeschlossenen Menge F des R^n auf eine in demselben R^n liegende Menge F' heißt eine ε-*Überführung* der Menge F (in die Menge F'), wenn jeder Punkt a von F von seinem Bildpunkt $f(a)$ weniger als um ε entfernt ist.

Wir wollen jetzt folgenden Satz beweisen, der vom anschaulich-geometrischen Standpunkt den allgemeinen Dimensionsbegriff im hohen Maße rechtfertigt und das Band zwischen mengentheoretischen Begriffsbildungen und den Methoden der Polyedertopologie vielleicht leichter und einfacher erkennen läßt als die zu flüchtigen und für manchen Geschmack zu abstrakten Bemerkungen von **34** über Projektionsspektra:

Überführungssatz. Jede r-dimensionale Menge F läßt sich bei jedem ε mittels einer ε-Überführung auf ein r-dimensionales Polyeder stetig abbilden; dagegen ist bei hinreichend kleinem ε eine ε-Überführung von F in ein höchstens $r - 1$-dimensionales Polyeder unmöglich.

Der Beweis beruht auf folgender Bemerkung. Ist

(1) $$F_1, F_2, \ldots, F_s$$

eine ε-Überdeckung von F, so ist der Nerv des Mengensystems (1) zunächst als ein abstrakter Komplex definiert: man lasse jeder Menge F_i, $(1 \leq i \leq s)$, einen „Eckpunkt" a_i entsprechen und betrachte ein Eckpunktsystem

$$a_{i_0} a_{i_1} \ldots a_{i_r}$$

dann und nur dann als das Eckpunktgerüst eines Simplexes [des Nerven K von (1)], wenn die Mengen $F_{i_0}, F_{i_1}, \ldots, F_{i_r}$ einen nicht leeren Durchschnitt haben. Diesen abstrakten Komplex kann man aber *geometrisch realisieren*, indem man für a_i einen Punkt von F_i selbst oder einen Punkt in einer beliebigen von uns vorzuschreibenden Nähe von F_i wählt und sodann auf die Eckpunktgerüste des Nerven gewöhnliche elementargeometrische Simplexe aufspannt. Diese Konstruktion ist immer ausführbar und ergibt als Nerv des Mengensystems (1) einen gewöhnlichen geometrischen Polyederkomplex, wenn nur der Koordinatenraum R^n, in dem F liegt, genügend hochdimensional ist[49]; diese Bedingung läßt sich aber stets realisieren, denn man kann ja nötigenfalls den R^n, in dem die Menge F liegt, in einen höherdimensionalen Koordinatenraum einbetten.

---

[49] Es genügt in der Tat, daß $n \geq 2r + 1$ ist: wählt man unter dieser Bedingung die Punkte a_i in den Mengen F_i oder in beliebiger Nähe dieser Mengen, jedoch so, daß keine $r + 1$ unter den Punkten a_i in einer $r - 1$-dimensionalen Hyperebene des R^n liegen, so zeigt eine ganz elementare Überlegung, daß unsere Konstruktion „singularitätenfrei" vor sich geht, d. h. die Simplexe nicht ausarten und als Durchschnitte die durch ihre gemeinsamen Eckpunkte bestimmten gemeinsamen Seiten haben.

42. Wir nehmen jetzt an, daß a_i von F_i jedenfalls weniger als um ε entfernt ist und beweisen der Reihe nach folgende Hilfssätze.

Hilfssatz I. Ist K ein geometrisch realisierter Nerv der ε-Überdeckung (1) von F, so geht jeder Komplex Q, dessen Eckpunkte zu F gehören und Simplexe kleiner als die LEBESGUEsche Zahl σ der Überdeckung (1) sind, mittels einer 2ε-Verschiebung seiner Eckpunkte in einen Teilkomplex von K über.

Man ordne in der Tat jedem Eckpunkt b von Q einen derjenigen Eckpunkte a_i von K als den Punkt $f(b)$ zu, welche den Punkt b enthaltenden Mengen F_i entsprechen. Dadurch wird eine simpliziale Abbildung f von Q in K bestimmt; da die Entfernung zwischen a und $f(a)$ offenbar kleiner als 2ε ist, ist unser Hilfssatz bewiesen.

Hilfssatz II. Die Behauptung des Hilfssatzes I gilt (mit 3ε, anstatt 2ε) auch dann, wenn die Eckpunkte von Q nicht notwendig zu F gehören, sondern wenn man nur weiß, daß sie weniger als um $\tfrac{1}{3}\sigma$ von F entfernt sind und daß die Durchmesser der Simplexe von Q die Zahl $\tfrac{1}{3}\sigma$ nicht übertreffen.

Um diesen Hilfssatz auf den vorigen zurückzuführen, genügt es, die Eckpunkte von Q zuerst mittels einer $\tfrac{1}{3}\sigma$-Verschiebung in Punkte von F überzuführen.

Wir zerlegen jetzt den R^n in Simplexe, die kleiner als $\tfrac{1}{3}\sigma$ sind, bezeichnen mit Q den Komplex, der aus allen denjenigen unter diesen Simplexen besteht, welche im Innern oder auf dem Rande Punkte von F enthalten, und wenden auf diesen Komplex den soeben bewiesenen Hilfssatz an. Das ergibt:

Eine hinreichend kleine Polyederumgebung Q von F geht durch eine 2ε-Überführung in ein aus Simplexen von K aufgebautes Polyeder P über.

Da F r-dimensional war und die Dimensionszahl des Nerven eines Mengensystems stets um 1 kleiner als die Ordnung dieses Mengensystems ist, dürfen wir annehmen, daß P höchstens r-dimensional ist. Daraus, daß eine gewisse Umgebung von F durch die genannte 2ε-Überführung auf das Polyeder P abgebildet wird, folgt, daß F selbst auf eine echte oder unechte Teilmenge von P (d. h. *in* P) abgebildet wird.

Somit ist bewiesen: Bei jedem ε kann F durch eine ε-Überführung auf eine Teilmenge Φ eines r-dimensionalen Polyeders abgebildet werden.

Wir betrachten nun eine Simplexzerlegung K von P, deren Elemente kleiner als ε sind. Da Φ abgeschlossen ist, so gibt es — falls nicht $\Phi = P$ ist — ein r-dimensionales Simplex x^r von K, welches ein von Punkten von Φ freies homothetisches Simplex x_0^r enthält. Läßt man nun das zwischen den Rändern von x^r und x_0^r liegende Gebiet $x_r - x_0^r$ sich auf den Rand von x zusammenziehen, so werden alle in x^r enthaltenen Punkte von Φ auf den Rand des Simplexes x^r befördert und das Innere des Simplexes x^r wird von den Punkten der Menge Φ „aus-

gefegt". Durch endliche Wiederholung dieses Ausfegeverfahrens werden allmählich alle r-dimensionalen Simplexe, die nicht zu Φ gehören, von Punkten dieser Menge befreit. Dann geht man zu den $r-1$-dimensionalen Simplexen über usw. Das Verfahren schließt mit einem Polyeder, welches aus Simplexen (verschiedener Dimensionszahlen) von K aufgebaut ist; *auf* dieses Polyeder wird Φ mittels einer stetigen Deformation abgebildet, bei der kein Punkt von Φ dasjenige Simplex von K verläßt, zu dem er ursprünglich gehörte, folglich jeder Punkt von Φ weniger als um ε verschoben wird. Der ganze Übergang von F zu P_1 stellt somit eine 2ε-Überführung der Menge F dar, womit die erste Hälfte unseres Satzes bewiesen ist.

Um die zweite zu beweisen, zeigen wir allgemeiner: es gibt eine feste Zahl $\varepsilon(F)$ derart, daß die r-dimensionale Menge F durch eine $\varepsilon(F)$-Überführung in keine höchstens $r-1$-dimensionale Menge abgebildet werden kann.

Wir nehmen an, daß es ein solches $\varepsilon(F)$ nicht gibt. Dann existiert zu jedem $\varepsilon > 0$ eine höchstens $r-1$-dimensionale Menge F_ε, in die sich F mittels einer ε-Überführung abbilden läßt. Man betrachte eine ε-Überdeckung der Menge F_ε

(2) $\qquad F_1^\varepsilon, F_2^\varepsilon, \ldots, F_s^\varepsilon$

von einer Ordnung $\leq r$ und bezeichne mit F_i die Menge aller Punkte von F, die durch unsere Überführung in F_i^ε abgebildet werden. Die Mengen F_i bilden — wie leicht ersichtlich — eine 3ε-Überdeckung von F von der gleichen Ordnung wie (2), also von einer Ordnung $\leq r$. Da dies für jedes ε gilt, müßte $\dim F \leq r-1$ sein, was unserer Voraussetzung widerspricht. Der Überführungssatz ist hiermit vollständig bewiesen.

43. *Bemerkung.* Hat die abgeschlossene Menge F des R^n keine inneren Punkte, so läßt sie sich bei jedem ε in ein höchstens $n-1$-dimensionales Polyeder ε-überführen: es genügt, den R^n in ε-Simplexe zu zerlegen und jedes n-dimensionale Simplex dieser Zerlegung „auszufegen". Eine Menge ohne innere Punkte ist also höchstens $n-1$-dimensional. Da andererseits eine abgeschlossene Menge des R^n, die innere Punkte besitzt, notwendig n-dimensional ist (sie enthält ja n-dimensionale Simplexe!), haben wir bewiesen:

Eine abgeschlossene Menge des R^n ist dann und nur dann n-dimensional, wenn sie innere Punkte enthält.

Hiermit schließen wir unsere flüchtigen Bemerkungen über die topologischen Invarianzsätze und den allgemeinen Dimensionsbegriff — eine ausführliche Darstellung der sich mit diesen Begriffsbildungen befassenden Theorie findet der Leser in der unter[4] angegebenen Literatur und vor allem in dem schon erwähnten Buche von Herrn Hopf und dem Verfasser.

44. Beispiele BETTIscher Gruppen. 1. Die eindimensionale BETTIsche Gruppe der Kreislinie sowie des ebenen Kreisringes ist die unendliche zyklische Gruppe, die der Lemniskate ist die Gruppe aller Linearformen $u\zeta_1 + v\zeta_2$ (mit ganzzahligen u und v).

2. Die eindimensionale BETTIsche Zahl eines $p + 1$-fach zusammenhängenden ebenen Bereiches ist gleich p (vgl. die Abb. 13, $p = 2$).

3. Eine geschlossene orientierbare Fläche vom Geschlechte p besitzt als eindimensionale BETTIsche Gruppe die Gruppe aller Linearformen $\sum_{i=1}^{p} u^i \xi_i + \sum_{i=1}^{p} v^i \eta_i$ (mit ganzzahligen u und v); als Erzeugende ξ_i bzw. η_i nimmt man dabei die Homologieklassen der $2p$ kanonischen Rückkehrschnitte [50].

Die nicht orientierbaren geschlossenen Flächen zeichnen sich dadurch aus, daß bei ihnen die sog. eindimensionale *Torsionsgruppe* von Null

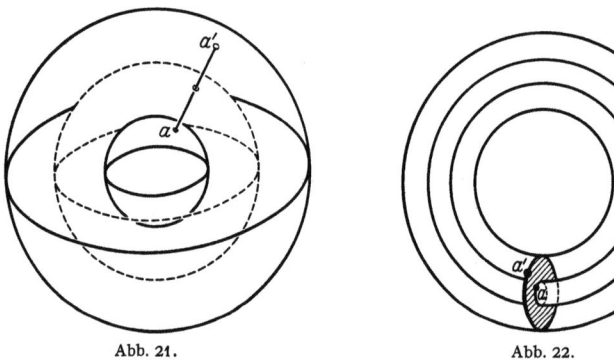

Abb. 21.   Abb. 22.

verschieden ist; dabei versteht man unter der Torsionsgruppe (irgendeiner Dimension) die aus allen Elementen endlicher Ordnung bestehende Untergruppe der entsprechenden vollen BETTIschen Gruppe. Die eindimensionale BETTIsche Zahl einer nicht orientierbaren Fläche vom Geschlecht p ist $p - 1$.

Die zweidimensionale BETTIsche Zahl einer geschlossenen Fläche ist gleich 1 oder Null, je nachdem die Fläche orientierbar ist oder nicht. Die analoge Behauptung gilt auch für n-dimensionale geschlossene Mannigfaltigkeiten.

4. P sei eine Kugelschale (Abb. 21), Q der zwischen zwei koaxialen Ringflächen eingeschlossene Bereich (Abb. 22). Die eindimensionale BETTIsche Zahl von P ist gleich Null, die eindimensionale BETTIsche Zahl von Q gleich 2, während die zweidimensionalen BETTIschen Zahlen von P und von Q den Wert 1 haben.

5. Als Erzeugende der eindimensionalen BETTIschen Gruppe der dreidimensionalen Torusmannigfaltigkeit (**11**) kann man die Homologie-

---

[50] Vgl. z. B. HILBERT-COHN-VOSSEN, S. 264. 265. 284.

klassen der drei Zyklen z_1^1, z_2^1, z_3^1 wählen, die aus den drei Achsen des Würfels nach Identifikation der gegenüberliegenden Würfelseiten entstehen (Abb. 23). Als Erzeugende der zweidimensionalen BETTIschen Gruppe dienen die Homologieklassen der drei Ringflächen, in die sich bei der Identifikation die drei durch den Mittelpunkt gehenden seitenparallelen Quadrate verwandeln. Somit sind die beiden Gruppen einander isomorph: jede hat drei unabhängige Erzeugende, so daß 3 der gemeinsame Wert der ein- und der zweidimensionalen BETTIschen Zahl der Mannigfaltigkeit ist.

6. Sowohl die ein- als auch die zweidimensionale BETTIsche Gruppe der Mannigfaltigkeit $S^2 \cdot S^1$ (vgl. 11) ist die unendliche zyklische Gruppe (die entsprechenden BETTIschen Zahlen sind also gleich 1). Als z_0^1 wähle man den Zyklus (Abb. 21), welcher nach Identifikation der beiden Kugelflächen aus der Strecke aa' entsteht, als z_0^2 irgendeine Kugelfläche, die zu den beiden Kugelflächen S^2 und s^2 konzentrisch ist und zwischen ihnen liegt.

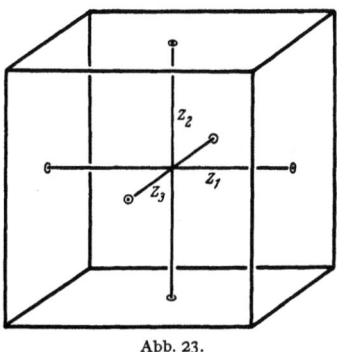

Abb. 23.

Es ist kein Zufall, daß in den beiden letzten Beispielen die ein- und die zweidimensionale BETTIsche Zahl der betreffenden dreidimensionalen Mannigfaltigkeiten einander gleich sind: es gilt ganz allgemein der sog. POINCARÉsche *Dualitätssatz*, welcher besagt, daß in einer n-dimensionalen geschlossenen orientierbaren Mannigfaltigkeit bei jedem r, $0 \leq r \leq n$, die r- und die $n-r$-dimensionale BETTIsche Zahl einander gleich sind. Die Grundidee des Beweises läßt sich bereits in den obigen Beispielen erkennen: sie besteht darin, daß man zu jedem Zyklus z^r, welcher in M^n nicht ≈ 0 ist, einen Zyklus z^{n-r} wählen kann, so daß die sog. „Schnittzahl" der beiden Zyklen von Null verschieden ist.

7. Das Produkt der projektiven Ebene mit der Kreislinie (11) ist eine nicht orientierbare dreidimensionale Mannigfaltigkeit. Sie läßt sich darstellen als ein Vollring mit Identifikation der diametralen Punktepaare auf je einem Meridiankreis. Die eindimensionale BETTIsche Zahl von M^3 ist gleich 1 (jeder eindimensionale Zyklus ist einem Vielfachen der Seelenachse des Vollringes homolog); die zweidimensionale BETTIsche Gruppe ist endlich und hat die Ordnung 2; sie fällt somit mit der Torsionsgruppe[50a] zusammen (die Ringfläche mit der auf ihr vorgenommenen Identifikation berandet zwar nicht, stellt aber einen Randteiler von

---

[50a] Die r-dimensionale Torsionsgruppe $T^r(K)$ ist die endliche Gruppe, die aus allen Elementen endlicher Ordnung der BETTIschen Gruppe $B^r(K)$ besteht. Die Faktorgruppe $B^r(K)/T^r(K)$ ist mit $B_0^r(K)$ isomorph.

der Ordnung 2 dar). Auch hier gibt es ein allgemeines Gesetz: Die $n-1$-dimensionale Torsionsgruppe einer geschlossenen nicht orientierbaren n-dimensionalen Mannigfaltigkeit ist stets die endliche Gruppe von der Ordnung 2, während eine orientierbare M^n keine $n-1$-dimensionale Torsion besitzt. An unserem Beispiel kann man auch sehen, daß für nicht orientierbare geschlossene Mannigfaltigkeiten der POINCARÉsche Dualitätssatz im allgemeinen nicht gilt.

45. Wenn wir die in den Beispielen 1., 2., 3. genannten Polyeder als Polyeder des dreidimensionalen Raumes betrachten, so bemerken wir sofort, daß die zu ihnen komplementären Gebiete des R^3 die gleichen eindimensionalen BETTIschen Zahlen haben wie die entsprechenden Polyeder selbst (Abb. 24, 25). Man erkennt das am einfachsten dadurch, daß man

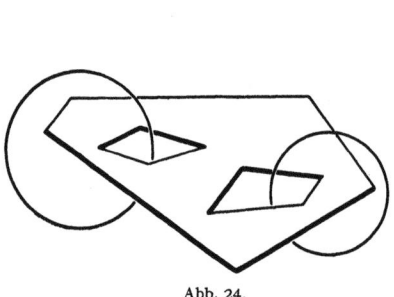

Abb. 24.

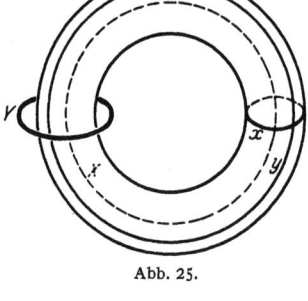

Abb. 25.

als Erzeugende der Gruppen $B^r(P)$ die Homologieklassen der Zyklen z_1^1 und z_2^1 bzw. x^1 und y^1, als Erzeugende der Gruppen $B^1(R^3-P)$ die Zyklen Z_1^1 und Z_2^1 bzw. X^1 und Y^1 wählt. Diese merkwürdige Tatsache ist ein Spezialfall eines der wichtigsten Sätze der ganzen Topologie, des sog. ALEXANDERschen Dualitätssatzes. Er lautet: *Die r-dimensionale BETTIsche Zahl eines beliebigen im R^n gelegenen Polyeders ist der $n-r-1$-dimensionalen BETTIschen Zahl seines Komplementärgebietes R^n-P gleich.* (Dabei ist $0 < r < n-1$.)

Der Beweis des ALEXANDERschen Dualitätssatzes beruht auf der Tatsache, daß es zu jedem z^r, welcher in P nicht ≈ 0 ist, einen mit ihm verschlungenen z^{n-r-1} im R^n-P gibt — eine Behauptung, deren anschaulicher Sinn durch die Abb. 24 und 25 hinreichend klargemacht ist[51]. Diese Tatsache gilt auch für $r=n-1$ (als verschlungene nulldimensionale Zyklen treten dabei Punktepaare auf, die durch den betreffenden

---

[51] Über die Dualitätssätze von POINCARÉ und ALEXANDER und die mit ihnen eng verknüpfte Schnitt- und Verschlingungstheorie siehe (außer den Büchern von VEBLEN und LEFSCHETZ): BROUWER: Amsterd. Proc. Bd. 15 (1912) S. 113—122. — ALEXANDER: Trans. Amer. Math. Soc. Bd. 23 (1922) S. 333—349. — LEFSCHETZ: Trans. Amer. Math. Soc. Bd. 28 (1926) S. 1—49. — VAN KAMPEN: Die kombinatorische Topologie und die Dualitätssätze. Diss. Leiden 1929. — PONTRJAGIN: Math. Ann. Bd. 105 (1931), S. 165—205.

$n-1$-dimensionalen Zyklus getrennt sind; vgl. hierzu 2, insbesondere Abb. 1). Aus diesen Betrachtungen folgt leicht der Satz, daß die Anzahl der Gebiete, in welche ein Polyeder den R^n zerlegt, um 1 größer ist als die $n-1$-dimensionale BETTIsche Zahl des Polyeders — ein Satz, der den n-dimensionalen JORDANschen Satz als Spezialfall enthält. Sowohl dieser Zerlegungssatz als auch der ALEXANDERsche Dualitätssatz gelten für krumme Polyeder.

46. Ich habe mit Absicht zum Mittelpunkt der Darstellung diejenigen topologischen Sätze und Fragestellungen gemacht, welche auf den Begriffen des algebraischen Komplexes und seines Randes beruhen: erstens, weil dieser Teil der Topologie — wie kein anderer — heute vor uns in solcher Klarheit liegt, daß er reif ist, der Aufmerksamkeit der weitesten mathematischen Kreise wert zu sein; zweitens, weil er innerhalb der Topologie seit den Arbeiten von POINCARÉ immer mehr und mehr eine führende Stellung bekommt: Es ergibt sich nämlich, daß *immer größere Teile der Topologie vom Homologiebegriff beherrscht werden*. Das gilt vor allem von der Theorie der stetigen Abbildungen von Mannigfaltigkeiten, die in den letzten Jahren — hauptsächlich durch die Arbeiten von LEFSCHETZ und HOPF — einen bedeutenden Aufschwung zeigt, der im hohen Maße durch die Zurückführung einer Reihe wichtiger Fragestellungen auf die algebraische Untersuchung des durch die Abbildung hervorgerufenen Homomorphismus der BETTIschen Gruppen (vgl. 40) bedingt ist[52]. Dieselbe Erscheinung zeigt neuerdings auch die Entwicklung der mengentheoretischen Topologie, insbesondere der sog. Dimensionstheorie; es hat sich ergeben, daß die Begriffe des Zyklus, der Berandung, der BETTIschen Gruppen usw. nicht nur für Polyeder gelten, sondern auf den Fall beliebiger abgeschlossener Mengen verallgemeinert werden können. Die Verhältnisse sind dort natürlich viel komplizierter, aber man ist immerhin in diesen allgemeinen Untersuchungen heute schon so weit, daß man (im Sinne des in **4** aufgestellten Programms) am Anfang einer systematischen durchaus geometrisch orientierten Theorie der allgemeinsten Raumgebilde steht, die ihre eigene bedeutende Problematik und ihre eigenen Schwierigkeiten hat. Auch diese Theorie beruht hauptsächlich auf dem Homologiebegriff[53].

Schließlich ist der sich um den Zyklen- und Homologiebegriff konzentrierende Teil der Topologie derjenige, von dem fast ausschließlich die Anwendungen der Topologie abhängen; die ersten Anwendungen auf die Differentialgleichungen, die Mechanik und die algebraische Geometrie rühren noch von POINCARÉ selbst her. In den letzten Jahren vermehren

---

[52] Siehe außer den schon zitierten Arbeiten von HOPF[7a] und LEFSCHETZ[51] noch HOPF: J. f. Math. Bd. 165 (1931) S. 225—236.

[53] Siehe die am Schluß der Fußnote [4] angegebenen Arbeiten des Verfassers.

sich diese Anwendungen fast täglich. Es genügt, hier etwa die Zurückführung zahlreicher analytischer Existenzbeweise auf topologische Fixpunktsätze, die VAN DER WAERDENsche Begründung der abzählenden Geometrie, die LEFSCHETZschen bahnbrechenden Arbeiten auf dem Gebiete der algebraischen Geometrie, die Untersuchungen von BIRKHOFF, MORSE u. a. über Variationsrechnung im großen, zahlreiche differentialgeometrische Untersuchungen verschiedener Autoren u. dgl. zu erwähnen[54]. Man kann dabei ohne Übertreibung sagen: *Jeder, der Topologie im Interesse ihrer Anwendungen lernen will, muß mit den BETTIschen Gruppen beginnen,* denn heute ebenso wie zu Zeiten von POINCARÉ geht durch diesen Punkt die Mehrzahl der Fäden, die von der Topologie zur übrigen Mathematik führen und auch die meisten topologischen Theorien zu einem einheitlichen Ganzen zusammenbinden.

---

[54] Eine recht vollständige Bibliographie befindet sich am Schluß des schon mehrmals erwähnten Buches von LEFSCHETZ.

Verlag von Julius Springer / Berlin

Ergebnisse der Mathematik
und ihrer Grenzgebiete

Herausgegeben von der Schriftleitung des
„Zentralblatt für Mathematik"

Erster Band:

1. Heft: **Knotentheorie.** Von Professor Dr. Kurt Reidemeister, Königsberg i. Pr. Mit 114 Figuren. VI, 74 Seiten. 1932. RM 8.75
2. Heft: **Graphische Kinematik und Kinetostatik.** Von Professor Dr.-Ing. Karl Federhofer, Graz. Mit 27 Figuren. VI, 112 Seiten. 1932. RM 13.15
3. Heft: **Lamésche — Mathieusche — und verwandte Funktionen in Physik und Technik.** Von Dr. M. J. O. Strutt, Eindhoven. Mit 12 Figuren. VIII, 116 Seiten. 1932. RM 13.60
4. Heft: **Die Methoden zur angenäherten Lösung von Eigenwertproblemen in der Elastokinetik.** Von Privatdozent Dr.-Ing. K. Hohenemser, Göttingen. Mit 15 Figuren. III, 89 Seiten. 1932. RM 10.50
5. Heft: **Fastperiodische Funktionen.** Von Professor Dr. Harald Bohr, Kopenhagen. Mit 10 Figuren. Etwa IV, 104 Seiten. 1932. Etwa RM 12.—

Jedes Heft ist einzeln käuflich.
Bei Abnahme eines vollständigen Bandes tritt auf die genannten Preise eine 10 proz. Ermäßigung ein.

Weitere Arbeiten, die im Rahmen der Sammlung erscheinen werden:

Theorie der konvexen Körper (T. Bonnesen-Kopenhagen und W. Fenchel-Göttingen).
Mathematische Grundlagenforschung (A. Heyting-Enschede und K. Gödel-Wien).
Idealtheorie (W. Krull-Erlangen).
Hyperkomplexe Größen (M. Deuring-Leipzig).
Gruppentheorie (B. L. v. d. Waerden-Leipzig und F. Levy-Leipzig).
Arithmetische Theorie der algebraischen Funktionen in einer Veränderlichen (F. K. Schmidt-Erlangen).
Dirichletsche Reihen (E. Hille-Princeton und F. Bohnenblust-Princeton).
Diophantische Approximationen (J. F. Koksma-Amsterdam).
Topologische Methoden der Analysis (Schnirelmann-Moskau).
Plateausches Problem (T. Radó-Columbus).
Integralgleichungen (J. D. Tamarkin-Providence und E. Hille-Princeton).
Über die Wertverteilung endlichvieldeutiger analytischer Funktionen (E. Ullrich-Marburg).
Theorie der analytischen Funktionen mehrerer komplexer Veränderlicher (H. Behnke-Münster und P. Thullen-Münster).
Grundbegriffe der Wahrscheinlichkeitsrechnung (A. Kolmogoroff-Moskau).
Asymptotische Gesetze der Wahrscheinlichkeitsrechnung (A. Khintschine-Moskau).
The modern theory of algebraic curves and surfaces (O. Zariski-Baltimore).
Analytische Mechanik (G. Krall-Rom).
Turbulenz (J. M. Burgers-Delft).
Dynamische Meteorologie (H. Ertel-Berlin).
Geophysikalische Periodenuntersuchungen (J. Bartels-Eberswalde).

Verlag von Julius Springer/Berlin

Aus der Sammlung „Grundlehren der mathematischen Wissenschaften in Einzeldarstellungen":

*Vorlesungen über Topologie. Von Dr. B. v. Kerékjártó, Szeged, Ungarn. I. Flächentopologie. Mit 60 Textfiguren. VII, 270 Seiten. 1923. RM 11.50

Aus den Besprechungen: ... Der vorliegende erste Band enthält die Topologie der Ebene und der Flächen und gliedert sich in sieben Abschnitte: 1. Punktmengen; 2. Kurven; 3. Gebiete; 4. Polyederflächen; 5. Offene Flächen; 6. Abbildungen von Flächen; 7. Kurvenscharen auf Flächen. Es ist darin in lebhafter Darstellung ein reiches Material zu einem wertvollen Lehrbuche verarbeitet, welches besonders jenen, die die Topologie hauptsächlich wegen ihrer Anwendungen auf Funktionentheorie, Differentialgleichungen oder Variationsrechnung interessiert ,sehr gute Dienste leisten wird...
„*Acta Litterarum ac scientiarum*"

Anschauliche Geometrie. Von Geheimrat Professor Dr. David Hilbert, Göttingen, und Dr. Stefan Cohn-Vossen, Köln. Mit 330 Abbildungen. VIII, 310 Seiten. 1932. RM 24.—; gebunden RM 25.80

Die Geometrie appelliert in gleicher Weise an den Verstand wie an Einbildungskraft und Vorstellungsvermögen. Sie ist geeignet, von einem größeren Kreis als den eigentlichen Berufsmathematikern erfaßt zu werden und seine Freude an dem Wesen der Mathematik ohne ein zu beschwerliches Studium zu mehren. Die Hilbertschen Vorlesungen sind denn auch von dem Wunsch getragen, neben der Darstellung des Aufbaus dieser schönen Wissenschaft einem weiteren Kreis das Verständnis für sie näherzubringen. Ohne populäre Oberflächlichkeit sind die Ergebnisse und Tatsachen der Geometrie so elementar wie möglich auf Grund der Anschauung dargestellt. Das Verständnis wird besonders erleichtert durch die außerordentlich große Zahl gut und klar durchgearbeiteter Figuren, die sehr leicht vom Leser noch durch Modelle zu vervollkommnen sind. Berücksichtigt man, wie sehr die Geometrie ausgezeichnet ist durch ihre nahen und unmittelbaren Beziehungen zu fast allen naturwissenschaftlichen Betätigungen des menschlichen Geistes, wie sie hineingreift in das praktische Leben, in die Technik ebenso wie in die tiefsten philosophischen Probleme, so wird es klar, daß die Hilbertschen Vorlesungen für einen sehr, sehr großen Kreis von ungemeiner Bedeutung sein werden.

*Einführung in die analytische Geometrie der Ebene und des Raumes. Von A. Schoenflies †. Zweite Auflage. Bearbeitet und durch sechs Anhänge ergänzt von M. Dehn, Professor an der Universität Frankfurt a. M. Mit 96 Textfiguren. X, 414 Seiten. 1931.
RM 25.—; gebunden RM 26.60

*Geometrie. Von Felix Klein †. Ausgearbeitet von E. Hellinger. Für den Druck fertig gemacht und mit Zusätzen versehen von Fr. Seyfarth. (Bildet Band II der „Elementarmathematik vom höheren Standpunkte aus", dritte Auflage.) Mit 157 Abbildungen. XII, 302 Seiten. 1925.
RM 15.—; gebunden RM 16.50

*Vorlesungen über höhere Geometrie. Von Felix Klein †. Dritte Auflage, bearbeitet und herausgegeben von W. Blaschke, Professor der Mathematik an der Universität Hamburg. Mit 101 Abbildungen. VIII, 406 Seiten. 1926. RM 24.—; gebunden RM 25.20

*Vorlesungen über neuere Geometrie. Von Moritz Pasch, Professor an der Universität Gießen. Zweite Auflage. Mit einem Anhang: Die Grundlegung der Geometrie in historischer Entwicklung. Von Max Dehn, Professor an der Universität Frankfurt a. M. Mit insgesamt 115 Abbildungen. X, 275 Seiten. 1926. RM 16.50; gebunden RM 18.—

*) *Auf alle vor dem 1. Juli 1931 erschienenen Bände wird ein Notnachlaß von 10 % gewährt.*